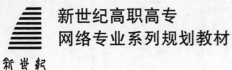

新世纪高职高专
网络专业系列规划教材

XML程序设计

第三版

新世纪高职高专教材编审委员会 组编
主 编 杨 灵 赵旭辉
副主编 牛艳辉 马宗夏 高 静

U0244856

大连理工大学出版社

图书在版编目(CIP)数据

XML 程序设计 / 杨灵,赵旭辉主编. — 3 版. — 大连 : 大连理工大学出版社,2018.1(2020.6重印)
新世纪高职高专网络专业系列规划教材
ISBN 978-7-5685-1038-7

Ⅰ. ①X⋯ Ⅱ. ①杨⋯ ②赵⋯ Ⅲ. ①可扩展标记语言－程序设计－高等职业教育－教材 Ⅳ. ①TP312

中国版本图书馆 CIP 数据核字(2017)第 188185 号

大连理工大学出版社出版
地址:大连市软件园路 80 号　邮政编码:116023
电话:0411-84708842　邮购:0411-84703636　传真:0411-84701466
E-mail:dutp@dutp.cn　URL:http://dutp.dlut.edu.cn
大连日升彩色印刷有限公司印刷　　大连理工大学出版社发行

幅面尺寸:185mm×260mm　　印张:15.5　　字数:358 千字
2008 年 10 月第 1 版　　　　　　2018 年 1 月第 3 版
2020 年 6 月第 3 次印刷

责任编辑:马　双　　　　　　　责任校对:李　红
封面设计:张　莹

ISBN 978-7-5685-1038-7　　　　　　定价:38.80 元

本书如有印装质量问题,请与我社发行部联系更换。

总　序

　　我们已经进入了一个新的充满机遇与挑战的时代,我们已经跨入了21世纪的门槛。

　　20世纪与21世纪之交的中国,高等教育体制正经历着一场缓慢而深刻的革命,我们正在对传统的普通高等教育的培养目标与社会发展的现实需要不相适应的现状作历史性的反思与变革的尝试。

　　20世纪最后的几年里,高等职业教育的迅速崛起,是影响高等教育体制变革的一件大事。在短短的几年时间里,普通中专教育、普通高专教育全面转轨,以高等职业教育为主导的各种形式的培养应用型人才的教育发展到与普通高等教育等量齐观的地步,其来势之迅猛,发人深思。

　　无论是正在缓慢变革着的普通高等教育,还是迅速推进着的培养应用型人才的高职教育,都向我们提出了一个同样的严肃问题:中国的高等教育为谁服务,是为教育发展自身,还是为包括教育在内的大千社会? 答案肯定而且唯一,那就是教育也置身其中的现实社会。

　　由此又引发出高等教育的目的问题。既然教育必须服务于社会,它就必须按照不同领域的社会需要来完成自己的教育过程。换言之,教育资源必须按照社会划分的各个专业(行业)领域(岗位群)的需要实施配置,这就是我们长期以来明乎其理而疏于力行的学以致用问题,这就是我们长期以来未能给予足够关注的教育目的问题。

　　众所周知,整个社会由其发展所需要的不同部门构成,包括公共管理部门如国家机构、基础建设部门如教育研究机构和各种实业部门如工业部门、商业部门,等等。每一个部门又可作更为具体的划分,直至同它所需要的各种专门人才相对应。教育如果不能按照实际需要完成各种专门人才培养的目标,就不能很好地完成社会分工所赋予它的使命,而教育作为社会分工的一种独立存在就应受到质疑(在市场经济条件下尤其如此)。可以断言,按照社会的各种不同需要培养各种直接有用人才,是教育体制变革的终极目的。

新世纪

随着教育体制变革的进一步深入,高等院校的设置是否会同社会对人才类型的不同需要——对应,我们姑且不论,但高等教育走应用型人才培养的道路和走研究型(也是一种特殊应用)人才培养的道路,学生们根据自己的偏好各取所需,始终是一个理性运行的社会状态下高等教育正常发展的途径。

高等职业教育的崛起,既是高等教育体制变革的结果,也是高等教育体制变革的一个阶段性表征。它的进一步发展,必将极大地推进中国教育体制变革的进程。作为一种应用型人才培养的教育,它从专科层次起步,进而应用本科教育、应用硕士教育、应用博士教育……当应用型人才培养的渠道贯通之时,也许就是我们迎接中国教育体制变革的成功之日。从这一意义上说,高等职业教育的崛起,正是在为必然会取得最后成功的教育体制变革奠基。

高等职业教育还刚刚开始自己发展道路的探索过程,它要全面达到应用型人才培养的正常理性发展状态,直至可以和现存的(同时也正处在变革分化过程中的)研究型人才培养的教育并驾齐驱,还需假以时日;还需要政府教育主管部门的大力推进,需要人才需求市场的进一步完善发育,尤其需要高职高专教学单位及其直接相关部门肯于做长期的坚忍不拔的努力。新世纪高职高专教材编审委员会就是由全国 100 余所高职高专院校和出版单位组成的、旨在以推动高职高专教材建设来推进高等职业教育这一变革过程的联盟共同体。

在宏观层面上,这个联盟始终会以推动高职高专教材的特色建设为己任,始终会从高职高专教学单位实际教学需要出发,以其对高职教育发展的前瞻性的总体把握,以其纵览全国高职高专教材市场需求的广阔视野,以其创新的理念与创新的运作模式,通过不断深化的教材建设过程,总结高职高专教学成果,探索高职高专教材建设规律。

在微观层面上,我们将充分依托众多高职高专院校联盟的互补优势和丰裕的人才资源优势,从每一个专业领域、每一种教材入手,突破传统的片面追求理论体系严整性的意识限制,努力凸现高职教育职业能力培养的本质特征,在不断构建特色教材建设体系的过程中,逐步形成自己的品牌优势。

新世纪高职高专教材编审委员会在推进高职高专教材建设事业的过程中,始终得到了各级教育主管部门以及各相关院校相关部门的热忱支持和积极参与,对此我们谨致深深谢意;也希望一切关注、参与高职教育发展的同道朋友,在共同推动高职教育发展、进而推动高等教育体制变革的进程中,和我们携手并肩,共同担负起这一具有开拓性挑战意义的历史重任。

新世纪高职高专教材编审委员会

2001 年 8 月 18 日

前言

　　《XML 程序设计》（第三版）是新世纪高职高专教材编审委员会组编的高职高专网络专业系列规划教材之一。

　　本教材主要讲述了 XML 语言的作用和基本语法、文档类型定义、模式定义、层叠样式表、可扩展样式语言、DOM 对象接口、使用数据岛显示 XML 数据、XML 与数据交换等内容。本教材针对 XML 程序设计的重要知识点提出问题，引领学生使用所学的知识解决相应的问题，将理论教学与实践教学相结合，采用教学做一体化的授课模式，使学生学会 XML 的基本语法，熟悉 XML 语言的用法，获得使用 XML 语言解决实际问题的能力。

　　本教材主要针对第二版教材存在的问题，结合部分高职高专院校教师对本书的建议进行修订，修订的指导思想是：根据高职高专学生在网络和软件行业主要就业岗位的能力要求，着重提高学生对 XML 文档格式化、编写数据流的数据结构、XML 文档与数据库的数据交换、使用 DOM 对 XML 文档进行增删改查的水平，提高学生分析问题和团队合作的能力。

　　本教材具有如下特点：

　　1. 更加适合于教学做一体化的教学模式。教材针对每个知识点提出问题，使学生充分理解自己要学的内容是什么。教师根据教材内的知识点为学生讲解，使学生理解问题的解决方法。知识点后的实例用以作为学生学习理论知识之后的实践操作内容。

　　2. 突出了教材的实用性。为提高学生的职业能力，本教材通过层叠样式表、可扩展样式语言、DOM 对象模型和数据岛几个章节，培养学生格式化 XML 文档的能力；通过文档类型定义和模式定义章节，着力培养学生根据实际数据创建数据结构的能力；增加了 XML 与数据库之间的数据交换内容和综合实例，着重培养学生的实践能力；通过大量例题去讲解抽象的理论知识，将理论知识应用到实践当中，使学生学习的知识更具实用性。

新世纪

　　本教材由辽宁机电职业技术学院杨灵、辽宁铁道职业技术学院赵旭辉任主编,哈尔滨信息工程学院牛艳辉、曲阜远东职业技术学院马宗夏、山东冶金技师学院高静任副主编,曲阜远东职业技术学院崔小华参与了部分内容的编写。具体编写分工如下:第 1 章由崔小华编写,第 3、4、5 章由杨灵编写,第 6 章由牛艳辉编写,第 2、7 章由马宗夏编写,第 8、10 章由高静编写,第 9 章由赵旭辉编写;全书由杨灵统稿。在本教材的编写过程中,得到了各作者所在院校的关注和支持,在此表示衷心的感谢。

　　在编写本教材的过程中,编者参考、引用和改编了国内外出版物中的相关资料以及网络资源,在此表示深深的谢意!相关著作权人看到本教材后,请与出版社联系,出版社将按照相关法律的规定支付稿酬。

　　由于编者水平有限,编写时间仓促,书中难免有不妥之处,欢迎广大读者批评指正,以便下次修订时完善。

编　者

2018 年 1 月

所有意见和建议请发往:dutpgz@163.com

欢迎访问职教数字化服务平台:http://sve.dutpbook.com

联系电话:0411-84707492　84706104

目 录

第1章 XML简介

本章学习要点

◇ 熟练掌握什么是标记语言
◇ 掌握 SGML 与 HTML 和 XML 之间的关系
◇ 学会使用 Altova XMLSpy 2010 工具创建 XML 文档

随着网络的迅速发展以及规模的扩大,XML 作为一种专门在互联网上传递信息的语言,已经被广泛认为是继 Java 之后 Internet 上最实用的新兴技术之一。那么 XML 到底是什么呢? 它与 HTML 和 SGML 之间又有什么关系呢?

1.1 什么是 XML

XML 是 eXtensible Markup Language 的缩写,是万维网联盟(World Wide Web Consortium,即 W3C)认识到信息规范化的重要性,从而定义的一种语言,称为可扩展标记语言。所谓可扩展,是指 XML 允许用户按照 XML 规则自定义标记。如 XHTML、XSL-FO、SVG、VoiceXML、MathML 和 SMIL 等都是使用 XML 规则定义出来的新语言。

XML 的设计动机是要克服 HTML(Hyper Text Markup Language,超文本标记语言)的种种不足,将网络上传输的文档规范化,并赋予标记一定的含义,与此同时,还要保留 HTML 所具有的简洁、适于网上传输和浏览的优点。它集 SGML(Standard Generalized Markup Language,标准通用标记语言)和 HTML 的优势于一身,具有易于编辑、便于管理、适于存档、容易查询等诸多优势。

既然知道了 XML 是可扩展标记语言,那么什么是标记语言呢?

首先来了解两个概念：

标记：为了处理的目的，在数据中加入附加信息，这种附加信息称为标记。如下例所示：

我学过XML 语言。

此处使用阴影效果给"XML 语言。"加上标记。但是这种方法有一个缺点，就是标记的含义不明确，具有二义性。既可以理解为重点强调标记，也可以理解为名词标记。

标记语言：运用标记的方法描述的形式语言，这里要求所定义的标记不能有二义性。而上例中的标记定义方法具有二义性，所以这种方法不可取，针对这种情况，可以改用文字作为标记。见下例：

我学过<重点>XML 语言。</重点>

上例中的<重点>称为起始标记，</重点>称为结束标记。这种用文字给出的标记不仅含义明确，而且便于计算机处理，可以作为标记语言的定义方法。

 说到标记语言，相信很多人对 HTML 和 SGML 都不陌生，那么 XML 与它们之间有什么关系呢？

1.2　SGML 与 HTML、XML 的关系

SGML 是所有标记语言的母语言，HTML 和 XML 都派生自 SGML。因此，这几种语言都有一些共同点，如相似的语法和标记符的使用。但是 XML 从根本上讲就是 SGML 的一个子集，而 HTML 是 SGML 定义的一种应用。和 SGML 一样，XML 也可以定义新的应用，比如数学标记语言（MathML）。

1.2.1　SGML

20 世纪 60 年代末，IBM 公司为解决公司内部大量文档的交换和存储的问题，于 1969 年发明了通用置标语言 GML（Generalized Markup Language）。经过十几年的完善和改进，由 GML 发展成为 SGML，并在 1986 年被国际标准化组织公布为国际标准——ISO_8879。作为一种编程元语言，SGML 提供了一套标记文档的系统，该系统独立于其他任何应用软件。它还包括一套国际标准，这个标准定义了同设备和机器无关的电子文档表示方法。SGML 对那些需要标准化的机构来说是非常有效并且适合的，同时它还提供了多种选择。很多机构（特别是那些对文档管理有特殊或复杂要求的组织）都使用 SGML，如美国国防部、美国出版家协会、惠普公司和柯达公司等。

SGML 具有以下优点：

（1）因为它自 1986 年后被确定为 ISO 的标准，所以具有长期的适用性。

（2）它是共享的、独立于操作平台的,其寿命将超过现有的大部分应用软件。

（3）它支持用户定义的、用来满足文件特殊要求的标记和体系结构。

虽然 SGML 是一套完整的规范,但它并不能跟上 WWW 页面的快速发展。虽然它很先进,但它还有以下几点不足:

（1）它的安装耗资不菲,而且需要很特殊的技术,这种技术是大部分 WWW 设计者所不具备的。

（2）与 HTML 相比,SGML 的工具相当昂贵。

（3）用 SGML 创建文档类型定义的成本很高,特别是用人工来做。

（4）SGML 学起来比较困难。

1.2.2　HTML

SGML 是一个可以定义其他标记语言的元标记语言。通过 SGML 定义出来的标记语言实例有很多,但较流行的是在互联网上描述数据表现的 HTML。这是一种文档生成语言,它包括一套定义文档结构和类型的标记。这套编码描述了文档内文本元素之间的关系。该术语中的"超文本"一词起源于 60 年代,由特德·尼尔森在《文字机器》一书中首次提到。尼尔森设想出用页面链接系统来连接相关的页面,而不论这些页面分别存储在什么地方。

HTML 是建立 Web 网页全球通用的标记语言。其入门学习较为简单,而且建立和检查 HTML 代码的工具也较容易找到。HTML 定义了一系列的标记,每个标记表明数据的一种显示格式。被置标后的文档(即同时包含纯文本和关于文本显示格式标记的文档)由一个 HTML 处理工具(最常见的是浏览器)进行读取,然后再根据标记所代表的显示规则来加以显示。下面通过例 1-1(ch1-1.htm)来了解 HTML 中的标记是如何发挥作用的。

【例 1-1】

```
[1]   <html>
[2]     <head>
[3]       <title>My first example</title>
[4]     </head>
[5]     <body>
[6]       <ul>第一个职工
[7]         <li>张晓迪</li>
[8]         <li>女</li>
[9]         <li>销售部</li>
[10]        <li>13912345678</li>
[11]      </ul>
[12]      <ul>第二个职工
[13]        <li>王晓宇</li>
[14]        <li>男</li>
```

```
[15]        <li>财务部</li>
[16]        <li>13812346543</li>
[17]      </ul>
[18]    </body>
[19]  </html>
```

这段代码在浏览器中运行,显示结果如图 1-1 所示。

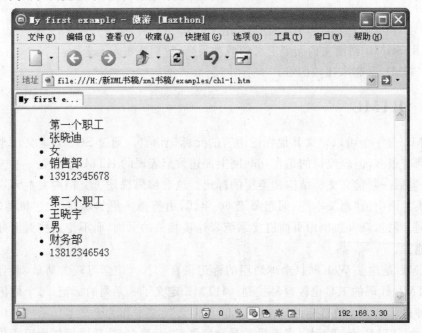

图 1-1　一个 HTML 页面

1.2.3　XML

XML(eXtensible Markup Language,可扩展标记语言)是 W3C 于 1998 年 2 月发布的一种标准,是 SGML 的一个简化子集,继承了 SGML 的可扩展性和文件自我描述特性以及强大的文件结构化功能,摒弃了 SGML 过于庞大复杂和不易普及化的缺点。它定义了 WWW 页面显示哪些数据,而 HTML 确定页面如何显示。XML 使设计者很容易以标准化的、连续的方式来描述并传输来自任意应用程序的结构化数据。

尽管 HTML 可以提供大量描述页面格式的标记,但它不能描述页面的具体内容,即不能解释页面上数据的含义。与之相比,XML 则可以描述页面的内容。此外,XML 还有数据跟踪能力,这将改变数据共享的方式以及检索数据库和文件的方式。

XML 的优点包括:

(1)它可以提供元数据(描述信息的数据),这些元数据将帮助人们找到信息,并帮助信息的使用者和提供者彼此找到对方。

(2)用户可用低成本的软件处理数据。

(3)简化企业间的数据交流,有助于产生独立于平台的协议,这些协议将丰富电子商务的数据。

(4)为服务于企业或个人的电子商务代理人提供有助于自动业务处理的信息。

XML 通过标记文档每个逻辑部分(元素)的开头和结尾,可定义文档的结构。当 Internet 上的数据从一个地点流向另一地点时,XML 的使用者可以检查文档的每个部分是否处于应在的地方。XML 标注数据时使用成对的开头和结尾标记,类似于在数据库系统中定义一条记录的结构。

例 1-2(ch1-1.xml)是一个合法的 XML 文档。具体内容如下:

【例 1-2】

```
[1]    <?xml version="1.0"?>
[2]    <职工列表>
[3]      <职工>
[4]        <姓名>张晓迪</姓名>
[5]        <性别>女</性别>
[6]        <部门>销售部</部门>
[7]        <联系电话>13912345678</联系电话>
[8]      </职工>
[9]      <职工>
[10]       <姓名>王晓宇</姓名>
[11]       <性别>男</性别>
[12]       <部门>财务部</部门>
[13]       <联系电话>13812346543</联系电话>
[14]     </职工>
[15]   </职工列表>
```

图 1-2 就是在浏览器中打开该 XML 文件后显示的结果。

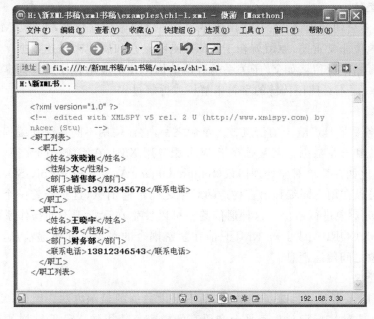

图 1-2　在浏览器中看到的 XML 文档

1.2.4　XML 与 SGML、HTML 的关系

XML 和 SGML 是兼容的,XML 文档可以通过任何 SGML 制作工具或浏览工具阅读。而 XML 没有 SGML 那些过于规范以至于复杂的要求,针对有限带宽的网络,XML 的设计更适用于 Internet。

图 1-3 表达了这三种语言之间的关系。

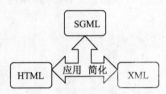

图 1-3　SGML、HTML 和 XML 语言之间的关系

很多初学 XML 的人都有一个误区,就是认为 XML 能够替代 HTML。就目前的发展来说,两者是同时存在的,根本谈不上替代关系。HTML 是用来告诉浏览器如何在网站上显示信息的主要语言,而 XML 中并没有任何与可视化表现形式有关的内容,它主要是用来存储数据的。

1.3　XML 应用

作为互联网的新技术,XML 的应用非常广泛,可以说,XML 已经渗透到了互联网的各个领域,下面对常用的 XML 应用进行介绍。

1. 数据交换

目前,许多公司利用 XML 在应用程序和公司之间做数据交换,可见 XML 在数据交换领域里的地位非常重要,原因就在于 XML 使用元素和属性来描述数据。在数据传送过程中,XML 始终保留诸如父/子关系的数据结构。几个应用程序可以共享和解析同一个 XML 文件,而不必使用传统的字符串解析或拆解过程。

2. Web 服务

Web 服务是最具影响力的信息技术革命之一,它让使用不同系统和编程语言的人们能够相互交流和分享数据。其基础在于 Web 服务用 XML 在系统之间交换数据,能使协议规范一致,比如在简单对象处理协议(Simple Object Access Protocol,SOAP)平台上。

SOAP 可以在用不同编程语言构造的对象之间传递消息,这意味着一个 C♯ 对象能够与一个 Java 对象进行通信。这种通信甚至可以发生在运行于不同操作系统上的对象之间。DCOM、CORBA 或 Java RMI 只能在紧密耦合的对象之间传递消息,SOAP 则可在松耦合对象之间传递消息。

3. 内容管理

XML 只用元素和属性来描述数据,而不提供数据的显示方法。因此,XML 就提供了一个优秀的方法来标记独立于平台和语言的内容。使用像 XSLT 这样的语言能够轻松地将 XML 文件转换成各种格式文件,比如 HTML、WML、PDF、flat file、EDI 等。

XML 具有的能够运行于不同系统平台之间和转换成不同格式目标文件的能力使得它成为内容管理应用系统中的最佳选择。

4．Web 集成

现在有越来越多的设备也支持 XML 了，使得 Web 开发商可以在个人数字助理（如智能手机）和浏览器之间用 XML 来传递数据。

为什么将 XML 文本直接送进个人数字助理设备中呢？这样做的目的是让用户更多地掌握数据显示方式。常规的客户机/服务器（C/S）方式为了获得数据排序或更换显示格式，必须向服务器发出申请；而 XML 则可以直接处理数据，不必经过向服务器"申请查询-返回结果"这样的双向"旅程"，同时在设备中也不需要配置数据库。甚至还可以对设备上的 XML 文件进行修改并将结果返回给服务器。

5．配置

许多应用系统都将配置数据存储在各种文件里，比如 .ini 文件。虽然这样的文件格式已经使用多年并一直很好用，但是 XML 能以更为优秀的方式为应用程序标记配置数据。使用 .NET 里的类，如 XmlDocument 和 XmlTextReader，将配置数据标记为 XML格式，能使其更具可读性，并能方便地集成到应用系统中去。使用 XML 配置文件的应用程序能够方便地处理所需数据，不用像其他应用那样要经过重新编译才能修改和维护应用系统。

> XML 文件是具有特殊的扩展名（.xml）的文本文件，因此可以使用记事本来编写。不过使用记事本不能很好地对 XML文件的语法进行检查，因此本书选用了当前比较流行的集成开发工具 Altova XMLSpy 2010 编写文件。那么如何使用Altova XMLSpy 2010 呢？请看下面的介绍。

1.4　Altova XMLSpy 2010 工具介绍

Altova XMLSpy 2010 是用于 XML 工程开发的集成开发环境（Integrated Development Environment，简称 IDE）。XMLSpy 2010 可连同其他工具一起进行各种XML 及文本文档的编辑和处理，进行 XML 文档（比如与数据库之间）的导入和导出，在某些类型的 XML 文档与其他文档类型间相互转换，关联工程中不同类型的 XML 文档，利用内置的 XSLT 1.0/2.0 处理器和 Xquery 1.0 处理器进行文档处理，甚至能够根据XML 文档生成代码。鉴于本书并不是该工具使用方法的专门讲解书籍，因此只对能够用到的常用功能进行介绍。

1.4.1　界面介绍

Altova XMLSpy 2010 的主界面如图 1-4 所示。

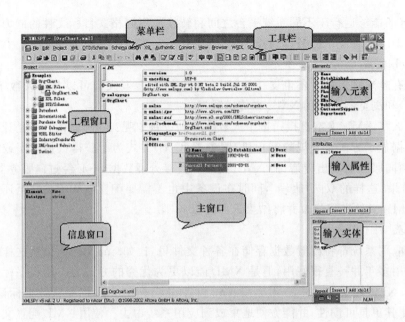

图 1-4   Altova XMLSpy 2010 主界面

Altova XMLSpy 2010 工具界面主要分成菜单栏、工具栏、工程窗口、信息窗口、主窗口和输入助手六大部分,其中输入助手包括输入元素、输入属性和输入实体。虽然不同的视图,输入助手也有所变化,但常用的是这三个输入助手。

1.4.2   创建 XML 文件

1. 首先单击"File"菜单,在下拉菜单中选择"New"(或者直接按 Ctrl＋N 键),弹出"Create new document"对话框,如图 1-5 所示。

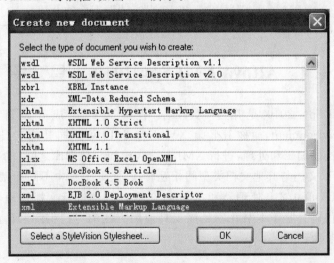

图 1-5   "Create new document"对话框

2. 在"Create new document"对话框中选择"Extensible Markup Language"文档,如

图 1-5 选中部分所示,单击"OK"按钮创建 XML 源文件。这时会弹出"New file"对话框,如图 1-6 所示。

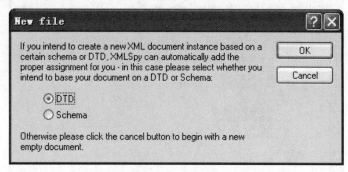

图 1-6　"New file"对话框

因为还没有编写 DTD 文件或 Schema 文件,所以此处单击"Cancel"按钮。这时在主窗口中会出现一个 XML 文档,如图 1-7 所示。

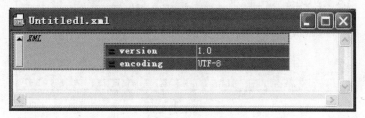

图 1-7　新建的 XML 文档

3. 当前的 XML 文档是增强型的网格视图,可以转换成文本视图来编写 XML 文件。转换方法是单击"View"菜单,在下拉菜单中选择"Text View"。这时的 XML 文档便转换成了文本视图,如图 1-8 所示。

图 1-8　文本视图的 XML 文件

这时可以看到文件中有一条 XML 语句,这条语句是 XML 文档的声明语句,是必须写的,而且必须写在该文件其他语句之前。

4. 接下来的工作就是在该文档中编写 XML 语句。写完之后可以打开"XML"菜单,选择"Check well-formedness"子菜单(或单击工具栏上的图标),对 XML 文档进行良构性检查,如果该文件有语法错误,就会在该文件的下面弹出提示,如图1-9所示。

如果该文件没有语法错误,也会在该文件的下面弹出提示,如图 1-10 所示。

5. 保存文件。单击"File"菜单,选择"Save"即可,接下来按照提示选择路径,为文件命名并进行保存即可。

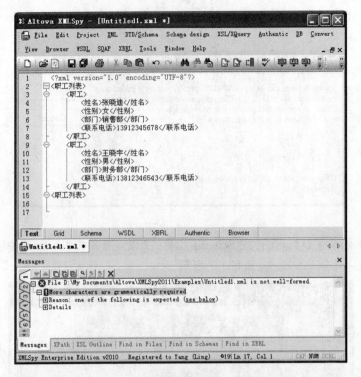

图 1-9　有错误的 XML 文件

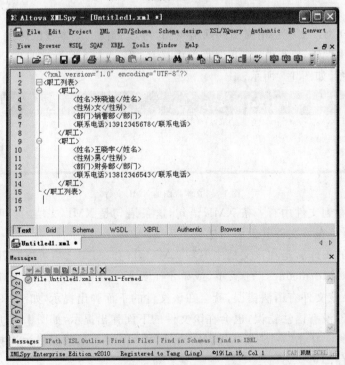

图 1-10　正确的 XML 文件

1.5　本章总结

　　本章主要介绍 XML 的概念、XML 的产生背景、XML 的优缺点及 XML 的主要用途，并通过一个实例让读者对 XML 语言及应用有一个大致的认识。

　　接下来又对 Altova XMLSpy 2010 编辑器进行了介绍，主要介绍了创建 XML 文档的操作步骤。利用此编辑器，可以通过文本视图直接编写 XML 文档，也可以通过增强型网格视图快速地创建 XML 文档。建议初学者最好使用文本视图直接编写 XML 文档，这样可以加深对 XML 语法的理解。

1.6　习　题

一、选择题

1.下面哪一个是产生时间最早的标记语言（　　）?

A. XML　　　　　B. SGML　　　　　C. HTML　　　　　D. GML

2.下面哪一个标记语言可以创建其他的标记语言（　　）?

A. XML　　　　　B. XHTML　　　　　C. HTML　　　　　D. GML

3.以下哪一个不是 XML 语言的应用（　　）?

A. MathML　　　　B. XHTML　　　　C. HTML　　　　　D. SVG

4.以下说法错误的是（　　）。

A. Altova XMLSpy 2010 可进行 XML 文档数据的导入和导出

B. Altova XMLSpy 2010 可利用内置的 XSLT 1.0/2.0 处理器和 Xquery 1.0 处理器进行文档处理

C. Altova XMLSpy 2010 可进行各种 XML 及文本文档的编辑和处理

D. Altova XMLSpy 2010 可在 XML 数据基础上创建线条、图规、二维和三维饼图以及条形图

5.以下哪一个不是标记语言（　　）?

A. MathML　　　　B. HTML　　　　C. Java　　　　　D. SVG

二、填空题

1.为了处理的目的，在数据中加入附加信息，这种附加信息称为（　　）。

2.标记语言要求所定义的标记不能有（　　）。

3.（　　）和（　　）允许按照自己的规则定义标记。

4. XML 从根本上讲就是 SGML 的一个（　　），而 HTML 是 SGML 定义的一种（　　）。

5. Altova XMLSpy 2010 工具中包括（　　）、（　　）、（　　）输入助手。

6.（　　）是最具影响力的信息技术革命之一，它让使用不同系统和编程语言的人们能够相互交流和分享数据。

三、简答题

1.什么是标记? 什么是标记语言?

2.请简述 XML、HTML 与 SGML 之间的关系?

3.请叙述如何使用 Altova XMLSpy 2010 创建 XML 文档?

第2章　XML语法

本章学习要点

◇ 掌握 XML 的文档结构
◇ 熟练掌握 XML 的基本语法
◇ 学会定义元素和属性
◇ 了解实体引用的用法
◇ 掌握 CDATA 部分的用法
◇ 学会验证 XML 文档

 知道了什么是 XML 语言,也知道了它的用途,那么 XML 的文档结构和语法是什么呢?

2.1　XML 的结构和语法

2.1.1　XML 文档结构

一个标准的 XML 文档通常由两个部分构成:序文部分和文档元素部分。首先通过一个简单的例子来了解 XML 文档的结构,程序代码见例 2-1(ch2-1.xml)。

【例 2-1】

```
[1]    <?xml version="1.0" encoding="GB2312"?>
[2]    <!--Writen by Yangling-->
[3]    <?xml-stylesheet type="text/xsl" href="employee.xsl"?>
[4]    <职工列表>
[5]      <职工>
[6]        <姓名>张晓迪</姓名>
[7]        <性别>女</性别>
[8]        <部门>销售部</部门>
[9]        <联系电话>13912345678</联系电话>
[10]     </职工>
```

```
[11]    <职工>
[12]      <姓名>王晓宇</姓名>
[13]      <性别>男</性别>
[14]      <部门>财务部</部门>
[15]      <联系电话>13812346543</联系电话>
[16]    </职工>
[17]  </职工列表>
```

该 XML 文档主要由两部分构成:序文部分和文档元素部分。其中[1]~[3]行为序文部分,[4]~[17]行为文档元素部分。

2.1.2　XML 序文部分

XML 文档的序文部分可以包含三部分的内容,分别是声明部分、处理指令和注释部分,下面分别对它们进行详细介绍。

1.声明部分

从例 2-1 中可以看出,一个 XML 文档的声明格式如下:

```
<?xml version="1.0" encoding="GB2312"?>
```

该行的具体含义解释如下:

(1)像所有的处理指令一样,XML 声明也是由"<?"开始,由"?>"结束。

(2)"<?"后的 xml 表示该文件是一个 XML 文件。

(3)version="1.0"表示该文件遵循的是 XML 1.0 标准。在 XML 声明中要求必须指定"version"的属性值,指明所采用的 XML 版本号。并且,它必须在属性列表中排在第一位。

(4)encoding="GB2312"表示该文件使用的是 GB2312 字符集。所有的 XML 语法分析器都支持 UTF-8 和 UTF-16 的编码标准。不过,XML 可能支持一个更庞大的编码集合。在 XML 规范中,列出多种编码类型,但一般情况下只要知道下面几种常见的编码就可以了。

- 简体中文码:GB2312。
- 繁体中文码:BIG5。
- 压缩的 Unicode 编码:UTF-8。
- 压缩的 UCS 编码:UTF-16。

采用哪种编码取决于文档中用到的字符集。在例 2-1 中,标记是用中文书写的,内容也含有中文,因此需要在声明中加上 encoding="GB2312"属性。但是并不是所有的 XML 处理程序都能正确处理 GB2312 编码。实际上,XML 标准只要求 XML 处理器支持 UTF-8 和 UTF-16 编码。因此要正确处理包含中文的 XML 文档,还需要一个支持 GB2312 编码的处理程序。

2.处理指令

处理指令(Processing Instruction,PI)是用来给处理 XML 文档的应用程序提供信息的。也就是说,XML 分析器可能对它并不感兴趣,而把这些信息原封不动地传递给应用程序。然后由这个应用程序来解释这个指令,遵照它所提供的信息进行处理,或者再把它原封不动地传给下一个应用程序。

由于 XML 声明的处理指令名是"xml",因此其他处理指令名不能再用"xml"。例如,在例 2-1 中,使用了一个处理指令来指定这个 XML 文档配套使用的样式单类型及文件名,格式如下:

```
[1]  <?xml-stylesheet type="text/xsl" href="employee.xsl"?>
```

该指令的具体含义解释如下:

(1)<?......? >表示该行是一条处理指令。

(2)xml-stylesheet 表示该指令用于设定文档所使用的样式单文件。

(3)type="text/xsl"设定文档所使用的样式单为 XSL。若为 CSS 样式单,则该属性为 type="text/css"。

(4)href="employee.xsl"用于设定样式单文件的地址。

3.注释部分

许多编程语言中都使用注释。就像在程序中引入注释一样,人们希望在 XML 文档中加入一些用作解释的字符数据,并且希望 XML 处理器不对它们进行任何处理,这种类型的文本称为注释文本。注释用于对语句进行某些提示或说明,带有适当注释语句的 XML 文档不仅使其他人容易读懂、方便交流,更重要的是,它可以方便用户自己将来对此文档进行修改。注释可以在标记之外的地方添加,但不允许添加在 XML 声明之前。

在 XML 中,注释的起始和终止界定符分别为"<!--"和"-->"。在使用注释时,要注意以下几个问题:

(1)注释不可以出现在 XML 声明之前,下面的注释是非法的。

```
[1]  <!--Writen by Yangling-->
[2]  <?xml version="1.0" encoding="GB2312"?>
[3]  <职工>
[4]   <姓名>
[5]     张三
[6]   </姓名>
[7]  </职工>
```

(2)注释不能出现在标记中,下面的注释是非法的。

```
[1]  <职工<!--Writen by Yangling-->>
```

(3)注释中不能出现两个连字符,即"--",下面的注释是非法的。

```
[1]  <!--Writen by Yangling--2013-->
```

(4)不允许嵌套定义注释语句,下面的注释是非法的。

```
[1]  <!--Writen by Yangling
[2]    <!--Modify by 2013-3-20-->
[3]  -->
```

XML 文档元素部分的基本单元是元素,那么如何定义元素呢? 元素和元素之间有什么关系,以及如何在元素中定义属性呢?

2.2 XML 文档元素部分

2.2.1 文档元素

　　元素是 XML 文档内容的基本单元。元素可由其他元素或其他类型的数据等组成。所有 XML 文档都从一个根结点开始,该根结点代表文档本身,根结点包含了一个根元素,如例 2-1 中的"职工列表"。文档内所有的其他元素都必须包含在根元素中。包含在根元素中的第一层元素称为根元素的子元素,如例 2-1 中的"职工"。子元素的上一层元素称为子元素的父元素。这里的父元素和子元素是相对而言的,如例 2-1 中的"职工"既是父元素,也是子元素。它相对于根元素"职工列表"而言是子元素,相对于元素"姓名"而言就是父元素。如果一个元素含有多个子元素,而且这些子元素在同一层上,这些子元素则互为兄弟。包含子元素的元素称为分支,没有子元素的元素称为树叶。

　　任何一个合法的 XML 文档,其文档元素都可以画出一棵文档结构树。例 2-1 的 XML 文档结构树如图 2-1 所示。

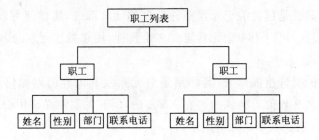

图 2-1　例 2-1 的 XML 文档结构树

2.2.2 定义元素

　　从语法上讲,一个元素包含一个起始标记、一个结束标记及标记之间的数据内容。其形式如下:

<标记>数据内容</标记>

　　有些时候 XML 文档的元素没有数据内容,这种情况定义的标记称为空标记。可以按照下面的形式进行定义,如:

<标记></标记>

　　但是在大部分的情况下都写成单独的标记,其形式如下:

<标记/>

注意：XML 与 HTML 不同，HTML 中有些标记并不要求关闭（即不一定有结束标记），有些语法上要求有结束标记的，即使漏了，浏览器也能照常处理。而在 XML 里，每个标记必须保证严格的关闭。结束标记的名称与起始标记的名称必须相同，但是其名称前要加上"/"。

为标记命名的时候，要符合以下的命名规则：

（1）英文名称必须以英文字母、下划线"_"或者冒号"："开头，中文名称必须以中文文字或者下划线"_"开头。

（2）在使用默认编码集的情况下（UTF-8），名称可以由英文字母、数字、下划线"_"、连接符"-"、点号"."和冒号"："构成。但是最好不要使用冒号，因为冒号被保留为与命名空间一起使用。在指定了编码集的情况下，名称中除上述字符外，还可以出现该字符集中的合法字符。

（3）名称中不能含有空格，因为空格是 XML 文档中标记名与属性名之间的间隔符。

（4）名称中含有英文字母时，对大小写是敏感的。也就是说＜Employee＞和＜EMPLOYEE＞是两个不同的标记。

（5）不能由字符串"xml""XML"或任何以此顺序排列的这三个字母的各类组合（如"Xml"或"xMl"）开头。因为 W3C 保留对以这三个字母开头的命名使用权。

2.2.3 定义属性

在 XML 中，用户可以自己定义所需要的标记属性，在开始标记与空标记中可以有选择地包含属性。属性是包含关于元素额外信息的元素部分，属性值可以被用来为元素添加额外的说明信息。可以为一个元素定义多个属性，用来描述元素的多种附加信息。

1. 属性的构成

属性是元素的可选组成部分，其作用是对元素及其内容的附加信息进行描述，它是由"＝"分隔开的名称数值对构成的。在 XML 中，所有的属性必须用引号括起来，这一点与 HTML 有所区别。其形式如下所示：

```
<标记名 属性名＝"属性值" 属性名＝"属性值" ……>内容</标记名>
```

对于空元素，其定义形式如下：

```
<标记名 属性名＝"属性值" 属性名＝"属性值" ……/>
```

下面通过一个例子看看属性的使用方法，见例 2-2（ch2-2. xml）。

【例 2-2】

```
[1]    <？xml version="1.0" encoding="GB2312"?>
[2]    <!-- Writen by Yangling -->
[3]    <职工列表 语言="简体中文">
[4]      <职工 职称="工程师" 工作年限="10">
[5]        <姓名>张晓迪</姓名>
[6]        <性别>女</性别>
```

```
[7]          <部门>销售部</部门>
[8]          <联系电话>13912345678</联系电话>
[9]        </职工>
[10]       <职工 职称="高级工程师" 工作年限="15">
[11]         <姓名>王晓宇</姓名>
[12]         <性别>男</性别>
[13]         <部门>财务部</部门>
[14]         <联系电话>13812346543</联系电话>
[15]       </职工>
[16]     </职工列表>
```

在这个例子中，职称和工作年限也可以作为职工的子元素出现，这时就会出现这样一个问题，有些内容既可以作为元素出现，也可以作为属性出现，应该怎样选择呢？对于这个问题，XML 规则没有提供明确的答案，具体使用哪种方式完全取决于文档编写者的经验。下面所介绍的只是基于经验的一般性总结，而不是规则：

（1）在将已有的文档处理为 XML 文档时，文档的原始内容应全部表示为元素；而编写者所增加的一些附加信息，如对文档某一点内容的说明、文档修改者、文档的修改日期等信息可以表示为属性。

（2）在创建和编写 XML 文档时，希望读者看到的内容应表示为元素，反之表示为属性。

（3）实在没有明确理由表示为元素或属性的，就表示为元素。因为就对文档的处理来讲，元素比属性具有更大的灵活性。

2. 属性的命名

属性名称的命名规则与标记名称的命名规则基本一致。只是要注意，同一个元素不允许出现相同的属性名称，如下面的属性定义是不合法的：

```
[1]   <职工列表 附属单位="市教育局" 附属单位="省教育局"/>
```

3. 属性值

与属性名称不同，XML 对属性值的内容没有很严格的限制。属性值可包含空格也可以以数字开头，XML 属性值是由引号来界定的，所以属性值必须用引号括起来，一般使用双引号（这一点与 HTML 语言有所区别）。如果属性值本身包含了双引号，那么就应该使用单引号。如果属性值同时包含单引号和双引号，那么属性值中的引号就要使用实体引用"'"（表示单引号）和"""（表示双引号），例如：

```
[1]   <职工 大会发言="张经理说：&quot;我们要提高我们的专业水平，要好好学习 &apos;
[2]   XML 技术 &apos;。&quot;"/>
```

需要说明的是，在编写处理 XML 文档的程序时，要注意 XML 元素的属性值都是字符串，下面的属性值是错误的：

```
[1]   <职工 年龄= 36/>
```

在 XML 文档中，应写成如下形式：

```
[1]   <职工 年龄="36"/>
```

如果需要在程序中将属性值当作整数、实数进行处理，则必须先进行"字符串"到"整数或实数"的转换。

如果属性值同时包含单引号和双引号，或者包含"&"符号，或者在标记名称中包含">""<""&"符号时都会被当作标记的特定部分处理而出现错误，那么要如何解决这个问题呢？

2.3 实体引用

在 XML 语言中，符号">""<""&""""'"等是被当作标记的特定部分处理的，在文本数据中包含这些字符时，不能直接输入。如果把这些符号直接输入，XML 处理器会把它们当成标记、实体或属性的一部分来处理而导致出错。这时，可以分别用实体引用来代替它们，如表 2-1 所示。

表 2-1　　　　　　　　　　　实体引用对照关系表

符　号	实体引用
>	&gt;
<	&lt;
&	&amp;
'	&apos;
"	&quot;

例如属性值同时包含单引号和双引号时，属性值中的引号就要使用实体引用"'"和"""。

 如果一段文本内容包含大量这样的字符时，就要花费很多的精力进行转换，而且文本的可读性也会变得很差，显然这样是不实际的。那么怎样处理这个问题呢？

2.4 CDATA 部分

在 XML 中，可以把这样的文本内容包含到 CDATA 部分中，这样，所有的内容都会被当作纯字符数据来对待，而不把它们解析为标记、实体引用或属性的一部分。

CDATA 部分的使用格式如下：

```
<![CDATA[
文本内容
]]>
```

这里,需要注意的有如下几点:

1.像其他 XML 关键字一样,这里的关键词"CDATA"必须大写,因为 XML 语言对大小写敏感。

2.字符"<![CDATA["代表 CDATA 部分的开始,是一个整体。因此,在这些字符之间不允许添加空格。

3.字符"]]>"代表 CDATA 部分的结束,也是一个整体。所以,在这些字符之间也不允许添加空格。

 在实际应用中,并不是只要编写的 XML 文档符合语法要求就一定是正确的,还需要 XML 文档符合某种已定义的结构,这时就需要对 XML 文档进行验证,那么 XML 文档有几种验证方式,各符合什么标准呢?

2.5　正规有效的 XML 文档

在使用 Altova XMLSpy 2010 编辑器编写 XML 文档时,可以对 XML 文档进行良构性和有效性检查。那么什么样的文档才是正规有效的 XML 文档呢?

1.良构性

与其他编程语言类似,XML 也要求文档符合一定的规则才可以让解析程序正确处理。理论上,只要符合 XML 语法规则的 XML 文档就都属于良构性的。但实际上同时也要符合相应的结构性规则。这些规则主要包括:XML 文档必须以一个 XML 声明开始,每个元素的开始标记都有对应的结束标记,各元素之间正确嵌套,正确使用实体引用等。

2.有效性

如果一个 XML 文档与一个文档类型定义(DTD)或 Schema 相关联,而该 XML 文档符合 DTD 或 Schema 的各种规则,那么称这个 XML 文档是有效的。

注意:DTD 或 Schema 对于 XML 文档来说并不是必需的,但 XML 文档要由 DTD 或 Schema 来保证其有效性。所以要保证 XML 文档的有效性就必须在 XML 文档中引入 DTD 或 Schema,而且有 DTD 或 Schema 会使 XML 文档读起来更容易,也能更容易地找出文档中的错误。

2.6　本章总结

本章讲述了 XML 的基本语法,首先通过一个简单的 XML 文档介绍 XML 文档的结构,接下来详细介绍了 XML 文档的语法规范,主要包括:XML 文档结构;XML 声明、注释、元素、属性;CDATA 部分;建立正规有效的 XML 文档。

2.7 习 题

一、选择题

1. 如果需要在 XML 文件中显示简体中文,那么 encoding＝"(   )"。
A. GB2312   B. BIG5   C. UTF-8   D. UTF-16

2. 以下的标记名称中不合法的是(   )。
A. ＜Book＞   B. ＜_Book＞   C. ＜$Book＞   D. ＜#Book＞

3. 以下的标记名称中不合法的是(   )。
A. ＜Book_name＞   B. ＜Book-name＞
C. ＜Book＊name＞   D. ＜Book.name＞

4. 以下的标记名称中不合法的是(   )。
A. ＜1Book＞   B. ＜_Book＞   C. ＜:Book＞   D. ＜Book1＞

5. 以下 XML 语句正确的是(   )

A. ＜Book＞＜name＞   B. ＜Book＞＜name＞
      xml 技术   xml 技术
   ＜/name＞＜Book＞   ＜name＞＜/Book＞
C. ＜Book＞＜name＞   D. ＜Book＞＜name＞
      xml 技术   xml 技术
   ＜name＞＜Book＞   ＜/name＞＜/Book＞

6. 以下 XML 语句正确的是(   )。
A. ＜Book name＝"xml 技术"/＞   B. ＜Book date＝2004/2/15/＞
C. ＜Book name＝xml"技术"/＞   D. ＜Book da te＝"2004/2/15/"＞

7. 以下 XML 语句错误的是(   )
A. ＜Book name＝"xml 技术" name＝"xml" /＞
B. ＜Book Name＝"xml 技术" name＝"xml" /＞
C. ＜Book name＝"xml 技术" name2＝"xml" /＞
D. ＜Book Name＝"xml 技术" NAME＝"xml" /＞

二、填空题

1. XML 的标记说明了数据的(   ),而不是如何(   )它。

2. XML 声名是由(   )开始,(   )结束。

3. 人们希望在 XML 文档中加入一些用作解释的字符数据,并希望 XML 不对它们进行任何处理。这种类型的文本称为(   )文本。

4. 标记的名称必须以英文字母或(   )开头。

5. 标记名称中的英文字母对于大小写是(   )的。

6. 元素中包含了其他元素,这就构成了元素的(   )。

7. 所有 XML 文档都是从一个(   )开始,其代表文档本身,并包含了一个(   )。

8. 文档内所有其他元素都被包含在(　　　　　)中。

9. 包含在根元素中的第一个元素称为根元素的(　　　　　)。

10. 包含子元素的元素称为(　　　　　),没有子元素的元素称为(　　　　　)。

11. 在 XML 中,所有的属性值必须用(　　　　　)括起来。

12. 同一个元素不能有多个(　　　　　)的属性。

13. 在 XML 文件中,字符""""应使用实体(　　　　　)。

14. 在 XML 文件中,字符"""应使用实体(　　　　　)。

三、判断对错。如有错误请指出错误原因。

1. <!--This is my first document-->

   <? xml version＝"1.0"?>

2. <Note book Comper Price<!--This is my first doucument-->>

3. <!--This is my first doucument.--I know it!-->

4. <!--This is my first doucument.<style>2001</style>>

5. <!--一个 xml 实例<!--以上是注释部分-->-->

6. <Bookname>xml 技术</BookName>

四、编程题

1. 将表 2-2 中的数据用 XML 文档表示出来。

表 2-2　　　　　　　　　　　　学生成绩列表

学号	数学	语文	英语
001	96	85	92
002	83	90	98
003	95	91	93

2. 将表 2-3 中的数据用 XML 文档表示出来。

表 2-3　　　　　　　　　　　　学生列表

班级编号	班级人数	学号	姓名	出生日期
11001	32	1100101	赵冲	1985-12-23
		1100102	韩军	1986-1-15
11002	28	1100201	胡天娇	1985-10-5
		1100202	冷志远	1985-7-19

3. 将图 2-2 所示的文档结构树用 XML 文档表示出来。

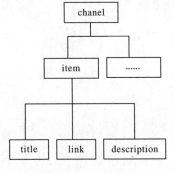

图 2-2　文档结构树

4. 画出下面 XML 文档的文档结构树。

```
[1]    <?xml version="1.0" encoding="UTF-8"?>
[2]    <codeList>
[3]      <course>
[4]        <title>C</title>
[5]        <content>
[6]          <id>1</id>
[7]          <source>one</source>
[8]        </content>
[9]        <content>
[10]         <id>2</id>
[11]         <source>two</source>
[12]       </content>
[13]     </course>
[14]     <course>
[15]       <title>Java</title>
[16]       <content>
[17]         <id>3</id>
[18]         <source> three</source>
[19]       </content>
[20]       <content>
[21]         <id>4</id>
[22]         <source>four</source>
[23]       </content>
[24]     </course>
[25]   </codeList>
```

第3章　文档类型定义DTD

本章学习要点

◇ 掌握 DTD 的基本结构

◇ 学习引用 DTD 的方法

◇ 熟练掌握元素的定义方法

◇ 了解如何控制元素的内容

◇ 掌握属性的定义方法及属性的类型

◇ 了解实体的分类以及常用实体的使用方法

 针对某些问题,有时可能需要对 XML 文件如何组织数据(即数据结构)进行必要的限制,那么应该使用什么技术对它进行限制呢?

XML 的精髓是允许文档的编写者制定基于信息描述、体现数据之间逻辑关系的自定义标记,确保文档具有较强的可读性、清晰的语义和易检索性。因此,一个完整意义上的 XML 文档不仅仅是格式良好的,还应该是符合一定要求的有效文档。而这些要求就是由文档类型定义 DTD 来规定的。使用 DTD 主要有以下几方面的作用:

(1)可以提供一种统一的格式。XML 的可扩展性提供了很高的灵活性,但有时需要的是统一,要求某一类文档具有相同的结构。

(2)可以保证数据交流和共享的顺利进行。

(3)使用户能够不依赖具体的数据就能知道文档的逻辑结构。

(4)可以验证数据的有效性。

 既然知道了使用 DTD 能够定义 XML 文档的数据结构,那么就应该掌握 DTD 的基本结构,学会自己编写 DTD 文档。

3.1 DTD 的基本结构

下面通过一个具体的实例来说明 DTD 文档的基本结构,如例 3-1(ch3-1.xml)所示。

【例 3-1】

```
[1]   <?xml version="1.0" encoding="GB2312"?>
[2]   <!DOCTYPE 职工列表 [
[3]     <!-- Writen by Yangling -->
[4]     <!ELEMENT 姓名(#PCDATA)>
[5]     <!ELEMENT 性别(#PCDATA)>
[6]     <!ELEMENT 部门(#PCDATA)>
[7]     <!ELEMENT 联系电话(#PCDATA)>
[8]     <!ELEMENT 职工(姓名,性别,部门,联系电话)>
[9]     <!ELEMENT 职工列表(职工*)>
[10]    <!ATTLIST 职工 ID CDATA #IMPLIED>
[11]   ]>
[12]  <职工列表>
[13]    <职工 ID="E01">
[14]      <姓名>张晓迪</姓名>
[15]      <性别>女</性别>
[16]      <部门>销售部</部门>
[17]      <联系电话>13912345678</联系电话>
[18]    </职工>
[19]    <职工 ID="E02">
[20]      <姓名>王晓宇</姓名>
[21]      <性别>男</性别>
[22]      <部门>财务部</部门>
[23]      <联系电话>13812346543</联系电话>
[24]    </职工>
[25]  </职工列表>
```

以例 3-1 为源文档,对文档类型定义的结构说明如下:

(1)"<!"为 DTD 定义的开始标记,">"为 DTD 定义的结束标记,DOCTYPE 为关键字,必须大写。

(2)"职工列表"为 XML 文档的根元素,对 XML 文档的规定要放在根元素后面的一对中括号中。

(3)"<! ELEMENT"为元素定义的开始标记,">"为元素定义的结束标记。这部分内容是 DTD 中最主要的内容。在 XML 中不管是树枝结点还是树叶结点,都需要进行元素定义。

(4)"<! ATTLIST"为元素的属性定义。有一些元素具有属性,属性是为了在应用程序对文档进行处理时,提供参数或者控制信息。元素所有的属性都必须在 DTD 中进

行定义。

(5)"<! -- Writen by Yangling -->"为注释。与文档本体一样,DTD 中也可以含有注释。

3.2 DTD 引用

文档类型定义 DTD 可以放在 XML 源文档中,也可以作为单独的文件存在。下面将对这两种情况分别进行介绍。

> 如果一个 XML 文档的数据结构比较简单,那么相应的 DTD 内容也较少,这样的 DTD 放到 XML 源文档中会比较好,不会因为路径问题而找不到 DTD 文档。那么如何引用这样的 DTD 文档呢?

3.2.1 内部 DTD 引用

内部 DTD 是存在于 XML 源文档中的 DTD 定义。一个只使用内部 DTD 进行有效性检验的 XML 文档的一般形式如下:

```
<!DOCTYPE 根元素 [
    DTD 部分
]>
```

内部 DTD 引用应该放在 XML 声明语句的下面,XML 元素内容的上面。对上面 DTD 定义的一般形式说明如下:

(1)"<! DOCTYPE"中的"<!"表示一条指令的开始,"DOCTYPE"表示该指令为文档类型定义指令,是关键字,必须大写。而且在"<!"和"DOCTYPE"之间不允许加空格。

(2)"根元素"为 DTD 根元素的名称,该名称必须为 XML 文档中根元素的名称。

(3)"DTD 部分"表示具体的元素、属性和实体的定义。

(4)"]>"表示文档类型定义的结束,中间也不允许添加空格。

内部 DTD 引用的例子见例 3-1。

> 如果一个 XML 文档的数据结构比较复杂,那么与之相应的 DTD 文档的内容就比较多,把这样的 DTD 文档写到 XML 源文档中就会降低 XML 文档的可读性,使 XML 文件变大。这时就需要编写外部 DTD 文档,那么如何引用外部 DTD 文档呢?

3.2.2　外部 DTD 引用

内部 DTD 是很有用的,使用起来也很方便,不会因为找不到 DTD 文件而苦恼。但是内部 DTD 的引用会使 XML 源文档的长度剧增。另外,如果多个 XML 文档的结构相同,那么使用内部 DTD 就必须为每个 XML 文档编写一个 DTD,这样就会造成资源的浪费,代价非常昂贵。因此除了一些简单的 XML 文档之外,不推荐使用内部 DTD,需要使用一种更加灵活的机制,这就是外部 DTD。

XML 元素、属性和实体的声明可以包含在一个单独的 DTD 文件中,这种 DTD 称为外部 DTD,文件的扩展名为".dtd"。一个外部 DTD 文件的基本结构如下所示:

```
……
元素、属性或实体的 DTD 声明部分
……
```

注意:在 DTD 文件中也可以加上 XML 声明语句,而且最好加上这个声明,这样维护起来比较方便。

对于外部 DTD 文件,根据其性质又可以分为两类:一类是私有 DTD 文件,属于组织或者个人私有的 DTD 文件。另一类是公共 DTD 文件,是指由国际标准组织,或者虽然不是标准组织,但在行业内部也得到广泛承认,可以发布技术建议的组织为某一行业所制定的公开的标准 DTD。

根据 DTD 文件性质的不同,引用 DTD 文件的方法也不尽相同。

1. 引用外部私有 DTD 文件

外部私有 DTD 文件是最常用的 DTD 文件,外部私有 DTD 文件的引用语法如下:

```
<!DOCTYPE 根元素 SYSTEM "URL_DTD">
```

(1)"<! DOCTYPE"中的"<!"表示一条指令的开始,"DOCTYPE"表示该指令为文档类型定义指令,是关键字,必须大写。而且在"<!"和"DOCTYPE"之间不允许加空格。

(2)"根元素"为 DTD 根元素的名字,该名称必须为 XML 文档中根元素的名称。

(3)"SYSTEM"为引用外部私有 DTD 文件的关键字。同样,这个关键字也必须全为大写。

(4)"URL_DTD"为外部私有 DTD 文件的路径,可以是绝对路径,也可以是相对路径。

(5)">"表示引用外部私有 DTD 文件指令的结束。

DTD 文件引用需要加到 XML 文档的序言部分,一般放在 XML 声明语句的下面,XML 元素内容的上面,XML 声明语句中的"standalone"需要设置为"no"。下面看一个引用外部私有 DTD 文件的例子。XML 文档的程序代码如例 3-2(ch3-2.xml)所示。

【例 3-2】

```
[1]    <?xml version="1.0" encoding="GB2312" standalone="no"?>
[2]    <!-- Writen by Yangling -->
[3]    <!DOCTYPE 职工列表 SYSTEM "ch3-1.dtd">
```

```
[4]    <职工列表>
[5]      <职工>
[6]        <姓名>张晓迪</姓名>
[7]        <性别>女</性别>
[8]        <部门>销售部</部门>
[9]        <联系电话>13912345678</联系电话>
[10]     </职工>
[11]     <职工>
[12]        <姓名>王晓宇</姓名>
[13]        <性别>男</性别>
[14]        <部门>财务部</部门>
[15]        <联系电话>13812346543</联系电话>
[16]     </职工>
[17]   </职工列表>
```

该 XML 文档引用的 DTD 文件内容如例 3-3(ch3-1.dtd)所示。

【例 3-3】

```
[1]    <?xml version="1.0" encoding="GB2312"?>
[2]    <!-- Writen by Yangling -->
[3]    <!ELEMENT 姓名(#PCDATA)>
[4]    <!ELEMENT 性别(#PCDATA)>
[5]    <!ELEMENT 部门(#PCDATA)>
[6]    <!ELEMENT 联系电话(#PCDATA)>
[7]    <!ELEMENT 职工(姓名,性别,部门,联系电话)>
[8]    <!ELEMENT 职工列表(职工*)>
```

通过上例可以看出,外部 DTD 内容只是在原来内部 DTD"[]"中的内容前加上 XML 声明而已。

2. 引用外部公共 DTD 文件

引用外部公共 DTD 文件的语法为:

```
<!DOCTYPE 根元素 PUBLIC "公共 DTD 名称" "DTD_URL">
```

(1)"<! DOCTYPE"中的"<!"表示一条指令的开始,"DOCTYPE"表示该指令为文档类型定义指令,是关键字,必须大写。而且在"<!"和"DOCTYPE"之间不允许加空格。

(2)"根元素"为 DTD 根元素的名字,该名称必须为 XML 文档中根元素的名称。

(3)"PUBLIC"为引用外部公共 DTD 文件的关键字。同样,这个关键字也必须全为大写。

(4)"公共 DTD 名称"是 DTD 的名称,它是一个正式共用标识符。其包含一系列的命名规则,将在下面介绍。

(5)"DTD_URL"为外部公共 DTD 文件的路径,一般为 URL 值。

(6)">"表示引用外部公共 DTD 文件指令的结束。

正式共用标识符(Format Public Indentifer,FPI)的命名规则如下:

（1）FPI 中的各个域用双斜线来分隔。

（2）FPI 中的第 1 个域指定 DTD 到一个正式标准的链接。对于自定义的 DTD,可以将域设为"—";对于一个非标准团体认可的 DTD,可以将域设为"十";对于正式的标准,则应该将域设为对标准的引用。例如 DTD 是由 W3C 发布的标准 DTD,则名称前要冠以"W3C"字符串。

（3）第 2 个域代表 DTD 编写或负责机构或个人的名称。

（4）第 3 个域指出了文档的类型和版本号。

（5）第 4 个域指明了 DTD 使用的语言。常用的语言有:EN 代表英文,FR 代表法文,DE 代表德文,ZH 代表中文。该语言标志必须是由 ISO639 所定义过的标准标志。

注意:上面给出的 FPI 的顺序不能变动,必须严格按照顺序书写。同样,外部公共 DTD 文件的引用也需要加到 XML 文档的序言部分。下面看一个引用外部公共 DTD 文件的例子。XML 文档的程序代码如例 3-4(ch3-3. xml)所示。

【例 3-4】

```
[1]    <?xml version="1.0" encoding="GB2312" standalone="no"?>
[2]    <!-- Writen by Yangling -->
[3]    <!DOCTYPE 职工列表 PUBLIC "- //Yangling//Employee list 1.0//ZH" "ch3-1.dtd">
[4]    <职工列表>
[5]      <职工>
[6]        <姓名>张晓迪</姓名>
[7]        <性别>女</性别>
[8]        <部门>销售部</部门>
[9]        <联系电话>13912345678</联系电话>
[10]     </职工>
[11]     <职工>
[12]       <姓名>王晓宇</姓名>
[13]       <性别>男</性别>
[14]       <部门>财务部</部门>
[15]       <联系电话>13812346543</联系电话>
[16]     </职工>
[17]   </职工列表>
```

在上例中使用的 DTD 为 ch3-1.dtd,具体内容见例 3-3。

既然 DTD 这么重要,我们也学会了如何引用 DTD,那么如何在 DTD 中控制 XML 文件中的元素名称及包含关系呢?

3.3　元素定义

在 XML 文档中最主要的就是元素,因此在 DTD 中,元素定义也就相应地占有重要的地位。一个有效的 XML 文档中的元素必须符合 DTD 声明中相对应元素的内容类型定义。

3.3.1　元素的声明

一个 XML 文档中的元素应该在 DTD 中进行声明,元素声明的语法规则如下:

```
<!ELEMENT 元素名称 (内容类型)>
```

(1)"<! ELEMENT"中的"<!"表示元素声明的开始,"ELEMENT"表示元素声明的关键字,必须全为大写。

(2)"元素名称"就是在 XML 文档中定义的标记名称。

(3)"内容类型"为元素内容的数据类型,这个类型必须放到"()"中,可以是简单类型,也可以是复合类型。

(4)">"表示元素声明的结束。

注意: 在 DTD 中对元素声明的顺序没有明确的规定。但是为了避免出错,一般先声明树叶结点元素,再声明父元素,依此类推,最后声明根元素。

3.3.2　元素内容的定义

在上一小节中,讲过元素内容可以是简单类型,也可以是复合类型。那么具体可以是哪些类型呢? 接下来将对这部分知识进行详细介绍。

1.文本类型

XML 文档的元素内容可以是文本内容。如"张晓迪""13812346543"等,在进行元素声明的时候必须定义元素的类型,文本类型使用"♯PCDATA"来定义。因此,姓名元素的定义为:

```
<!ELEMENT 姓名(♯PCDATA)>
```

2.EMPTY 类型

在 DTD 中,可以使用关键词"EMPTY"来声明一个不能包含任何内容的元素。一般这种元素都含有属性,在网页显示时可以控制不显示属性。比如在企业中,职工的奖金是不公开的,这时就可以用到 EMPTY 类型。这种类型的元素定义如下:

```
<!ELEMENT 奖金 EMPTY>
```

3.ANY 类型

有些时候,在创建 XML 文档时,并不能确定元素的内容到底是哪种,这时可以使用 DTD 提供的 ANY 类型,它允许使用任何类型的内容作为元素内容,等到确定元素类型时,再进行修改就可以了。比如在企业中,职工的工资内容有争议。有人认为应该公开,可以定义为文本类型;有人说应该保密,定义为 EMPTY 类型;还有人认为应该分为两部分,一部分为基本工资,可以公开,另一部分为奖金,定义为 EMPTY 类型。这时就可以定义为 ANY 类型。定义格式如下:

```
<!ELEMENT 工资 ANY>
```

4.子内容类型

利用这种形式的内容,元素可以包含子元素,但却不能直接包含字符数据。比如一

个 XML 文档的某个元素下面只有子元素,没有数据内容的时候就可以使用这种类型。这种类型的定义如下:

```
<!ELEMENT 职工 (姓名,性别,部门,联系电话)>
```

3.3.3 控制元素内容

1.严格设定元素内容

在 DTD 中,允许严格设定元素内容。在这种方式下,元素拥有哪些子元素、每个子元素出现的次数和位置都有明确的规定,在具体的文档实现时,必须严格执行。这就是子元素列表的设定方式。子元素列表设定的语法规则为:

```
<!ELEMENT 元素名称 (子元素 1,子元素 2,…)>
```

在此语法中,元素名称为 XML 文档中的元素名称,(子元素 1,子元素 2,…)部分为 XML 文档中的元素所拥有的子元素列表。在这个列表中,子元素按照设想的某种次序依次出现,同一元素可以多次出现在不同的位置上,如:

```
[1]  <!ELEMENT 职工 (姓名,性别,爱好,说明,爱好,说明)>
```

这种设定方法十分严格,可以精确地控制文档的结构。但很明显,在一些需要灵活和弹性的情况下,如某些子元素可以出现,也可以不出现,某些子元素可以出现多次,但具体出现的次数无法确定,这种子元素列表的方式就无法达到控制要求。

2.控制元素的出现次数

在现实生活中,职工可以有业余爱好,也可以没有;可以有一个业余爱好,也可以有多个业余爱好。那么如何控制这种情况呢? 在 DTD 中,可以用多种方法规定元素的出现次数。各种情况如下:

(1)明确规定元素出现的次数

这种情况可以通过子元素列表来控制,即元素要出现几次,就在列表中的相应位置重复几次,当重复出现的次数较多时,这种方法就显得十分笨拙,但不管怎样,它能够达到要求。例如,每个职工可以有三个爱好的程序代码如下:

```
[1]  <!ELEMENT 职工 (姓名,性别,爱好,爱好,爱好)>
```

(2)规定元素可以出现 0~1 次

这种情况下,元素可以出现一次,也可以不出现。规定的方法是在元素名的后面加上一个"?"号。例如一个职工可以有一个曾用名,也可以没有,就可以使用这种方法。程序代码如下:

```
[1]  <!ELEMENT 职工 (姓名,曾用名?,性别,爱好,爱好,爱好)>
```

(3)规定元素可以出现 0~n 次

在 DTD 中,定义元素可以一次也不出现,也可以出现多次。规定的方法是在元素名的后面加上一个"＊"号。例如一个职工可以没有曾用名,也可以有一个曾用名,还可以有多个曾用名,这时曾用名元素就可以使用这种方法。程序代码如下:

```
[1]  <!ELEMENT 职工 (姓名,曾用名*,性别,爱好,爱好,爱好)>
```

(4)规定元素可以出现 1～n 次

在 DTD 中,定义元素可以出现一次,也可以出现多次。这时在定义 DTD 时,需要在元素名的后面加上一个“＋”号。例如一个职工可以有一个联系方式,也可以有多个联系方式。这时联系方式元素就可以使用这种方法。程序代码如下:

```
[1]  <!ELEMENT 职工 (姓名,曾用名*,性别,联系方式+,爱好,爱好,爱好)>
```

3.选择性元素

在 DTD 中,有时需要在两个或多个互斥的元素中进行选择。例如对于职工元素,其配偶一项,当被描述者是男性时,表示配偶的元素应该是“妻子”;若被描述者是女性,则表示配偶的元素应该为“丈夫”。此时需要根据被描述者的性别来确定表示配偶的子元素是“妻子”还是“丈夫”,这两个子元素不能同时出现在职工元素中。那么怎样表示才能要求 XML 文档的某个元素必须在两个或多个元素中进行选择呢? 在 DTD 中,可以将需要从中选择的两个或多个元素用“|”隔开,用来代表需要选择一个元素。定义选择性元素的一般形式如下:

```
[1]  <!ELEMENT 元素名称(子元素|子元素|…)>
```

下面来看一个使用选择性元素的例子,这时的 ch3-2. xml 可以修改为如例 3-5 (ch3-4. xml)所示的内容。

【例 3-5】

```
[1]   <?xml version="1.0" encoding="GB2312" standalone="no"?>
[2]   <!-- Writen by Yangling -->
[3]   <!DOCTYPE 职工列表 SYSTEM "ch3-2.dtd">
[4]   <职工列表>
[5]     <职工>
[6]       <姓名>张晓迪</姓名>
[7]       <性别>女</性别>
[8]       <部门>销售部</部门>
[9]       <联系电话>13912345678</联系电话>
[10]      <配偶>
[11]        <丈夫>
[12]          <姓名>王良</姓名>
[13]        </丈夫>
[14]      </配偶>
[15]     </职工>
[16]     <职工>
[17]       <姓名>王晓宇</姓名>
[18]       <性别>男</性别>
[19]       <部门>财务部</部门>
[20]       <联系电话>13812346543</联系电话>
[21]      <配偶>
```

```
[22]        <妻子>
[23]         <姓名>张艳红</姓名>
[24]         <联系电话>6985231</联系电话>
[25]         <联系电话>13505689532</联系电话>
[26]        </妻子>
[27]       </配偶>
[28]      </职工>
[29]    </职工列表>
```

与该 XML 文档所对应的 DTD 文档内容如例 3-6(ch3-2.dtd)所示。

【例 3-6】

```
[1]    <?xml version="1.0" encoding="GB2312"?>
[2]    <!-- Writen by Yangling -->
[3]    <!ELEMENT 姓名(#PCDATA)>
[4]    <!ELEMENT 性别(#PCDATA)>
[5]    <!ELEMENT 部门(#PCDATA)>
[6]    <!ELEMENT 联系电话(#PCDATA)>
[7]    <!ELEMENT 丈夫(姓名,联系电话*)>
[8]    <!ELEMENT 妻子(姓名,联系电话*)>
[9]    <!ELEMENT 配偶(妻子|丈夫)>
[10]   <!ELEMENT 职工(姓名,性别,部门,联系电话+,配偶)>
[11]   <!ELEMENT 职工列表(职工*)>
```

4. 元素的分组

在声明复合型元素的时候,可以使用括号将其部分子元素组合为一个"元素组",该元素组在特性上与普通元素没有什么区别。在元素组内部,元素要按规定的次序出现,而且可以对其应用控制元素出现次数的"＊""？""＋"等进行控制,这就进一步增加了元素内容的灵活性。其基本使用语法如下:

```
<!ELEMENT 元素名称(子元素,…(子元素,…),…)>
```

例如每个职工评职称的时候都需要有一些材料进行加分,这时每个职工填表时就有一项发表论文的元素组,这个元素组内有论文题目、期刊名称和发表时间等元素。这时的 XML 文档可修改为如例 3-7(ch3-5.xml)所示。

【例 3-7】

```
[1]    <?xml version="1.0" encoding="GB2312" standalone="no"?>
[2]    <!-- Writen by Yangling -->
[3]    <!DOCTYPE 职工列表 SYSTEM "ch3-3.dtd">
[4]    <职工列表>
[5]     <职工>
[6]      <姓名>张晓迪</姓名>
[7]      <性别>女</性别>
[8]      <部门>销售部</部门>
[9]      <联系电话>13912345678</联系电话>
```

```
[10]        <配偶>
[11]          <丈夫>
[12]            <姓名>王良</姓名>
[13]          </丈夫>
[14]        </配偶>
[15]        <论文题目>XML 课程开发</论文题目>
[16]        <期刊名称>辽宁高职学报</期刊名称>
[17]        <发表时间>2012-6-5</发表时间>
[18]        <论文题目>基于 XML 的数据库设计</论文题目>
[10]        <期刊名称>计算机工程</期刊名称>
[20]        <发表时间>2012-12-10</发表时间>
[21]      </职工>
[22]      <职工>
[23]        <姓名>王晓宇</姓名>
[24]        <性别>男</性别>
[25]        <部门>财务部</部门>
[26]        <联系电话>13812346543</联系电话>
[27]        <配偶>
[28]          <妻子>
[29]            <姓名>张艳红</姓名>
[30]            <联系电话>6985231</联系电话>
[31]            <联系电话>13505689532</联系电话>
[32]          </妻子>
[33]        </配偶>
[34]        <论文题目>基于 UML 的电子商务平台设计</论文题目>
[35]        <期刊名称>计算机科学与工程</期刊名称>
[36]        <发表时间>2013-3-12</发表时间>
[37]      </职工>
[38]    </职工列表>
```

与该 XML 文档所对应的 DTD 文档内容如例 3-8(ch3-3.dtd)所示。

【例 3-8】

```
[1]   <?xml version="1.0" encoding="GB2312"?>
[2]   <!-- Writen by Yangling -->
[3]   <!ELEMENT 姓名(#PCDATA)>
[4]   <!ELEMENT 性别(#PCDATA)>
[5]   <!ELEMENT 部门(#PCDATA)>
[6]   <!ELEMENT 联系电话(#PCDATA)>
[7]   <!ELEMENT 论文题目(#PCDATA)>
[8]   <!ELEMENT 期刊名称(#PCDATA)>
[9]   <!ELEMENT 发表时间(#PCDATA)>
[10]  <!ELEMENT 丈夫(姓名,联系电话*)>
```

```
[11]  <!ELEMENT 妻子(姓名,联系电话*)>
[12]  <!ELEMENT 配偶(妻子|丈夫)>
[13]  <!ELEMENT 职工(姓名,性别,部门,联系电话+,配偶,(论文题目,期刊名称,发
[14]  表时间)*)>
[15]  <!ELEMENT 职工列表(职工*)>
```

 在 XML 文档中,除了元素之外还有很多属性,因此对属性的控制也尤为重要,那么如何在 DTD 中控制 XML 文档中的属性名称及附属关系和属性类型呢?

3.4 属性定义

一个合法、有效的 XML 文档不仅要满足 XML 的语法要求,而且在 XML 文档中出现的元素、属性和实体都应该在 DTD(或者模式定义)中进行定义。在上一节中对元素定义进行了讲解,接下来要介绍的就是属性的声明方法。

3.4.1 属性声明

在 DTD 中属性声明的一般形式为:

<!ATTLIST 元素名称 属性名称 类型[关键字][默认值]>

在这里,"[]"代表这一项可以省略。属性声明的各项含义如下:

(1)"<! ATTLIST"表示该属性声明指令的开始。ATTLIST 为关键字,必须大写。

(2)"元素名称"为包含该属性的元素的名称。

(3)"属性名称"为要定义的属性的名称。

(4)"类型"为属性值的类型,其具体取值将在 3.4.3 节介绍。

(5)"关键字"是设定默认值的关键字,可以省略。其具体取值将在 3.4.2 节介绍。

(6)"默认值"为属性的默认值,可以省略。在对属性进行定义时,可以为其指定一个默认值,也可以不指定。如果在 XML 文档中没有明确地对属性赋值,那么在 DTD 文档中,该属性的默认值将被选用。

(7)">"代表属性声明指令的结束。

一个 XML 元素可以声明一个属性,也可以声明多个属性。当然,一个元素多个属性的声明方式也可以采用这种声明方法。只是这时的代码量要多一些。也就是说,一个元素有多少个属性,声明属性时就需要写多少次元素名称和声明属性的关键字。所以一般建议采用第二种方法声明属性。如下所示:

<!ATTLIST 元素名称
属性名称 1 类型[关键字][默认值]
属性名称 2 类型[关键字][默认值]
属性名称 3 类型[关键字][默认值]>

下面来看一个属性声明的例子。XML 文档如例 3-9(ch3-6.xml)所示。

【例 3-9】

```
[1]    <？xml version="1.0" encoding="GB2312" standalone="no"?>
[2]    <!-- Writen by Yangling -->
[3]    <!DOCTYPE 职工列表 SYSTEM "ch3-4.dtd">
[4]    <职工列表 语言="简体中文">
[5]      <职工 职称="工程师" 工作年限="10">
[6]        <姓名>张晓迪</姓名>
[7]        <性别>女</性别>
[8]        <部门>销售部</部门>
[9]        <联系电话>13912345678</联系电话>
[10]       <配偶>
[11]         <丈夫>
[12]           <姓名>王良</姓名>
[13]         </丈夫>
[14]       </配偶>
[15]       <论文题目>XML 课程开发</论文题目>
[16]       <期刊名称>辽宁高职学报</期刊名称>
[17]       <发表时间>2012-6-5</发表时间>
[18]       <论文题目>基于 XML 的数据库设计</论文题目>
[19]       <期刊名称>计算机工程</期刊名称>
[20]       <发表时间>2012-12-10</发表时间>
[21]     </职工>
[22]     <职工 职称="高级工程师" 工作年限="15">
[23]       <姓名>王晓宇</姓名>
[24]       <性别>男</性别>
[25]       <部门>财务部</部门>
[26]       <联系电话>13812346543</联系电话>
[27]       <配偶>
[28]         <妻子>
[29]           <姓名>张艳红</姓名>
[30]           <联系电话>6985231</联系电话>
[31]           <联系电话>13505689532</联系电话>
[32]         </妻子>
[33]       </配偶>
[34]       <论文题目>基于 UML 的电子商务平台设计</论文题目>
[35]       <期刊名称>计算机科学与工程</期刊名称>
[36]       <发表时间>2013-3-12</发表时间>
[37]     </职工>
[38]   </职工列表>
```

与该 XML 文档所对应的 DTD 文档内容如例 3-10(ch3-4.dtd)所示。

【例 3-10】

```
[1]    <？xml version="1.0" encoding="GB2312"?>
[2]    <!-- Writen by Yangling -->
[3]    <!ELEMENT 姓名 (#PCDATA)>
```

```
[4]    <!ELEMENT 性别(#PCDATA)>
[5]    <!ELEMENT 部门(#PCDATA)>
[6]    <!ELEMENT 联系电话(#PCDATA)>
[7]    <!ELEMENT 论文题目(#PCDATA)>
[8]    <!ELEMENT 期刊名称(#PCDATA)>
[9]    <!ELEMENT 发表时间(#PCDATA)>
[10]   <!ELEMENT 丈夫(姓名,联系电话*)>
[11]   <!ELEMENT 妻子(姓名,联系电话*)>
[12]   <!ELEMENT 配偶(妻子|丈夫)>
[13]   <!ELEMENT 职工(姓名,性别,部门,联系电话+,配偶,(论文题目,期刊名称,发表时
[14]   间)*)>
[15]   <!ELEMENT 职工列表(职工*)>
[16]   <!ATTLIST 职工列表   语言 CDATA "简体中文">
[17]   <!ATTLIST 职工   职称 CDATA "工程师" 工作年限 CDATA "10">
```

3.4.2   关键字设定

在 DTD 中,可以对属性的取值做一些限定,比如某些属性必须具有属性值,或者有些属性的属性值可有可无等。一般情况下,对属性值的限定分为四类,分别如下:

1. 必须赋值的属性

在定义属性的时候,可以使用关键字"♯REQUIRED"来说明在 XML 文档中,元素的该属性必须出现,而且使用该关键字定义元素的属性时,不允许为属性设定默认值,否则就会出现错误。该关键字的用法如下:

<!ATTLIST 元素名称 属性名称 类型 ♯REQUIRED>

比如单位的每一个职工都有一个职工编号,将编号设为职工的属性,这个属性相对于职工来讲必须出现,不可省略,使用方法如下:

```
[1]    <!--DTD 部分-->
[2]    <!ELEMENT 职工(姓名,性别,部门,联系电话)>
[3]    <!ATTLIST 职工 编号 CDATA #REQUIRED>
[4]    <!--文件元素部分-->
[5]    <职工 编号="E01">
[6]      <姓名>张晓迪</姓名>
[7]      <性别>女</性别>
[8]      <部门>销售部</部门>
[9]      <联系电话>13912345678</联系电话>
[10]   </职工>
```

如果将文件元素部分改成如下形式将会出现错误。

```
[1]    <职工>
[2]      <姓名>张晓迪</姓名>
[3]      <性别>女</性别>
[4]      <部门>销售部</部门>
```

```
[5]     <联系电话>13912345678</联系电话>
[6]    </职工>
```

2. 属性值可有可无的属性

在定义属性的时候,可以使用关键字"♯IMPLIED"来说明在 XML 文档中元素的该属性可有可无,而且使用该关键字定义元素的属性时,不允许为属性设定默认值,否则就会出现错误。该关键字的用法如下:

<!ATTLIST 元素名称 属性名称 类型 ♯IMPLIED>

比如单位的每一个职工都有一个职工编号,将编号设为职工的属性,该属性可以不出现。那么职工的属性定义方法如下:

```
[1]    <!--DTD 部分-->
[2]    <!ELEMENT 职工(姓名,性别,部门,联系电话)>
[3]    <!ATTLIST 职工 编号 CDATA # IMPLIED >
[4]    <!--文件元素部分-->
[5]    <职工 编号="E01">
[6]     <姓名>张晓迪</姓名>
[7]     <性别>女</性别>
[8]     <部门>销售部</部门>
[9]     <联系电话>13912345678</联系电话>
[10]   </职工>
```

如果将文件元素部分改成如下形式也不会出现错误。

```
[1]    <职工>
[2]     <姓名>张晓迪</姓名>
[3]     <性别>女</性别>
[4]     <部门>销售部</部门>
[5]     <联系电话>13912345678</联系电话>
[6]    </职工>
```

3. 固定取值的属性

在定义属性的时候,可以使用关键字"♯FIXED"来说明在 XML 文档中,元素的该属性取值为固定值,而且使用该关键字定义元素的属性时,必须为属性设定默认值,否则就会出现错误。该关键字的用法如下:

<!ATTLIST 元素名称 属性名称 类型 ♯FIXED 默认值>

比如单位的每一个职工都有一个职工编号,将编号设为职工的属性,该属性的取值必须为"E01",不允许出现其他的取值。那么职工的属性定义方法如下:

```
[1]    <!--DTD 部分-->
[2]    <!ELEMENT 职工(姓名,性别,部门,联系电话)>
[3]    <!ATTLIST 职工 编号 CDATA # FIXED "E01" >
[4]    <!--文件元素部分-->
[5]    <职工 编号="E01">
[6]     <姓名>张晓迪</姓名>
[7]     <性别>女</性别>
```

```
[8]        <部门>销售部</部门>
[9]        <联系电话>13912345678</联系电话>
[10]     </职工>
```

如果将文件元素部分改成如下形式不会出现错误。

```
[1]   <职工>
[2]      <姓名>张晓迪</姓名>
[3]      <性别>女</性别>
[4]      <部门>销售部</部门>
[5]      <联系电话>13912345678</联系电话>
[6]   </职工>
```

但是,如果将文件元素部分改成如下形式将会出现错误。

```
[1]   <职工 编号="E02">
[2]      <姓名>张晓迪</姓名>
[3]      <性别>女</性别>
[4]      <部门>销售部</部门>
[5]      <联系电话>13912345678</联系电话>
[6]   </职工>
```

除了以上几种情况,也可以在定义属性时不使用关键字,但是这时就必须为属性设置默认值,否则就会出现错误。

4. 默认值

在前面的内容中已经提到过,如果在定义属性的时候,没有为其指定关键字或者指定的关键字是"♯FIXED",那么就必须为该属性设定默认值,用法如下:

<!ATTLIST 元素名称 属性名称 类型 默认值>

假如 XML 文档中含有元素"职工",现在分别为这个元素定义以上四种类型的属性"职工编号",这四种类型定义之后的区别如表 3-1 所示。

表 3-1　　　　　　　　　　四种默认值类型的区别

关键字	职工元素是否一定含有职工编号属性	职工编号的取值是否固定	是否必须设置默认值
♯REQUIRED	一定	否	否
♯IMPLIED	不一定	否	否
♯FIXED	一定(但是可以省略)	是	是
默认值	一定(但是可以省略)	否	是

3.4.3　属性类型

在 DTD 中,可以为属性指定数据类型,这样的数据类型有 10 种,分别如下:

1. CDATA 类型

CDATA 是最简单的属性类型,它代表字符数据,可以包含任意的文本串。但是不能包含"<""""&"这三个字符。如果要使用这三个字符,就必须使用预定义实体。其中的"<"要替换成"<";"""要替换成""";"&"要替换成"&"。CDATA 类型的使用如下所示:

```
[1]    <!--DTD 部分-->
[2]    <!ATTLIST 职工列表 语言 CDATA "简体中文">
[3]    <!--文件元素部分-->
[4]    <职工列表 语言="简体中文">
```

2. 枚举类型

枚举类型(Enumerated)并不需要使用任何关键字。它只是在属性定义中数据类型的位置上将所有的属性值列举出来,每个属性值之间用"|"隔开。枚举类型的每一个可能的值都必须遵循 XML 中的命名规则,因为这些值最终要出现在 XML 文档中。

在职工列表中,职工职称只允许是"助理工程师""工程师""高级工程师"三种属性值,这时为了避免用户误操作,可将职称定义为枚举类型。程序代码如例 3-11(ch3-7.xml)所示。

【例 3-11】

```
[1]    <?xml version="1.0" encoding="GB2312" standalone="no"?>
[2]    <!-- Writen by Yangling -->
[3]    <!DOCTYPE 职工列表 [
[4]    <!ELEMENT 姓名 (#PCDATA)>
[5]    <!ELEMENT 性别 (#PCDATA)>
[6]    <!ELEMENT 部门 (#PCDATA)>
[7]    <!ELEMENT 联系电话 (#PCDATA)>
[8]    <!ELEMENT 论文题目 (#PCDATA)>
[9]    <!ELEMENT 期刊名称 (#PCDATA)>
[10]   <!ELEMENT 发表时间 (#PCDATA)>
[11]   <!ELEMENT 丈夫 (姓名,联系电话*)>
[12]   <!ELEMENT 妻子 (姓名,联系电话*)>
[13]   <!ELEMENT 配偶 (妻子|丈夫)>
[14]   <!ELEMENT 职工 (姓名,性别,部门,联系电话+,配偶,(论文题目,期刊名称,发表时
[15]   间)*)>
[16]   <!ELEMENT 职工列表 (职工*)>
[17]   <!ATTLIST 职工列表　语言 CDATA "简体中文">
[18]   <!ATTLIST 职工　职称(助理工程师|工程师|高级工程师) "工程师" 工作年限
[19]   CDATA "10">
[20]   ]>
[21]   <职工列表 语言="简体中文">
[22]     <职工 职称="工程师" 工作年限="10">
[23]       <姓名>张晓迪</姓名>
[24]       <性别>女</性别>
[25]       <部门>销售部</部门>
[26]       <联系电话>13912345678</联系电话>
[27]       <配偶>
[28]         <丈夫>
[29]           <姓名>王良</姓名>
```

```
[30]        </丈夫>
[31]       </配偶>
[32]       <论文题目>XML 课程开发</论文题目>
[33]       <期刊名称>辽宁高职学报</期刊名称>
[34]       <发表时间>2012-6-5</发表时间>
[35]       <论文题目>基于 XML 的数据库设计</论文题目>
[36]       <期刊名称>计算机工程</期刊名称>
[37]       <发表时间>2012-12-10</发表时间>
[38]     </职工>
[39]   <职工 职称="高级工程师" 工作年限="15">
[40]       <姓名>王晓宇</姓名>
[41]       <性别>男</性别>
[42]       <部门>财务部</部门>
[43]       <联系电话>13812346543</联系电话>
[44]       <配偶>
[45]         <妻子>
[46]           <姓名>张艳红</姓名>
[47]           <联系电话>6985231</联系电话>
[48]           <联系电话>13505689532</联系电话>
[49]         </妻子>
[50]       </配偶>
[51]       <论文题目>基于 UML 的电子商务平台设计</论文题目>
[52]       <期刊名称>计算机科学与工程</期刊名称>
[53]       <发表时间>2013-3-12</发表时间>
[54]     </职工>
[55]   </职工列表>
```

3. NMTOKEN 类型

NMTOKEN 类型也是经常用到的一种类型,它规定属性值必须是正确的 XML 名称(即以字母或下划线开头,后面的字符可以为字母、数字、下划线、连字符等,但是不允许包含空格)。例如,职工列表中有国籍信息,而且国籍要求用英语表示,这时就可以用到 NMTOKEN 类型。使用方法如下所示:

```
[1]   <!--DTD 部分-->
[2]   <!ATTLIST 职工 国籍 NMTOKEN # REQUIRED>
[3]   <!--文件元素部分-->
[4]   <职工 国籍="china">
```

4. NMTOKENS 类型

NMTOKENS 类型也是比较常用的类型,它相当于 NMTOKEN 类型的复数形式,也就是这种类型的内容可以包含多个 NMTOKEN 类型内容。即在这种类型中,除了允许出现在 NMTOKEN 类型中出现的字符外,还允许出现空格。比如,每个职工不仅有中文名字,还必须有英文名字,这时可以为姓名定义一个"英文名字"属性。程序代码如下所示:

```
[1]    <!--DTD 部分-->
[2]    <!ATTLIST 姓名 英文名字 NMTOKENS # REQUIRED>
[3]    <!--文件元素部分-->
[4]    <姓名 英文名字="Zhang Xiaodi">张晓迪</姓名>
```

5. ID 类型

ID 类型是常用属性值类型的一种,要求具有该类型的属性值不允许出现重复值,例如在企业中,要求职工的编号具有唯一性,可以定义属性值的类型为 ID 类型。

需要注意的是,ID 类型的值必须是一个有效的 XML 名称,也就是说该值不能以数字开头,不能含有空格等非法字符。另外,最好不要给该类型的属性指定默认值,这样很容易出现两个相同的属性值,也最好不要使用 FIXED 类型指定,这样的类型属性值是固定的,不能修改。下面通过例 3-12(ch3-8.xml)对这种类型进行说明。

【例 3-12】

```
[1]    <?xml version="1.0" encoding="GB2312"?>
[2]    <!DOCTYPE 职工列表 [
[3]      <!ELEMENT 姓名 (# PCDATA)>
[4]      <!ELEMENT 性别 (# PCDATA)>
[5]      <!ELEMENT 部门 (# PCDATA)>
[6]      <!ELEMENT 联系电话 (# PCDATA)>
[7]      <!ELEMENT 职工 (姓名,性别,部门,联系电话)>
[8]      <!ELEMENT 职工列表 (职工*)>
[9]      <!ATTLIST 职工 编号 ID # IMPLIED>
[10]   ]>
[11]   <职工列表>
[12]     <职工 编号="E01">
[13]       <姓名>张晓迪</姓名>
[14]       <性别>女</性别>
[15]       <部门>销售部</部门>
[16]       <联系电话>13912345678</联系电话>
[17]     </职工>
[18]     <职工 编号="E02">
[19]       <姓名>王晓宇</姓名>
[20]       <性别>男</性别>
[21]       <部门>财务部</部门>
[22]       <联系电话>13812346543</联系电话>
[23]     </职工>
[24]   </职工列表>
```

注意:因为 ID 类型的属性值不允许重复,所以不能为 ID 类型的属性定义默认值或者"♯FIXED"关键字。只能为"♯REQUIRED"和"♯IMPLIED"两种形式。

6. IDREF 类型

IDREF 类型要求属性的取值必须是文件中存在的 ID 类型的属性值。该种类型的使用方法如例 3-13(ch3-9.xml)所示。

【例 3-13】

```
[1]    <?xml version="1.0" encoding="GB2312"?>
[2]    <!DOCTYPE 职工列表 [
[3]       <!ELEMENT 姓名(#PCDATA)>
[4]       <!ELEMENT 性别(#PCDATA)>
[5]       <!ELEMENT 部门(#PCDATA)>
[6]       <!ELEMENT 联系电话(#PCDATA)>
[7]       <!ELEMENT 职工(姓名,性别,部门,联系电话)>
[8]       <!ELEMENT 职工列表(职工*)>
[9]       <!ATTLIST 职工 编号 ID #IMPLIED>
[10]      <!ATTLIST 职工 配偶 IDREF #IMPLIED>
[11]   ]>
[12]   <职工列表>
[13]      <职工 编号="E01" 配偶="E02">
[14]         <姓名>张晓迪</姓名>
[15]         <性别>女</性别>
[16]         <部门>销售部</部门>
[17]         <联系电话>13912345678</联系电话>
[18]      </职工>
[19]      <职工 编号="E02" 配偶="E01">
[20]         <姓名>王晓宇</姓名>
[21]         <性别>男</性别>
[22]         <部门>财务部</部门>
[23]         <联系电话>13812346543</联系电话>
[24]      </职工>
[25]      <职工 编号="E03">
[26]         <姓名>赵子龙</姓名>
[27]         <性别>男</性别>
[28]         <部门>企划部</部门>
[29]         <联系电话>13523651234</联系电话>
[30]      </职工>
[31]   </职工列表>
```

7. IDREFS 类型

IDREFS 类型相当于 IDREF 类型的复数,就是允许多个在本文件中出现的 ID 类型的属性值作为该类型属性的值,各个 ID 类型属性值间用空格隔开。如例 3-14(ch3-10.xml)所示。

【例 3-14】

```
[1]    <?xml version="1.0" encoding="GB2312"?>
[2]    <!DOCTYPE 职工列表 [
[3]       <!ELEMENT 姓名(#PCDATA)>
```

```
[4]      <!ELEMENT 性别(#PCDATA)>
[5]      <!ELEMENT 部门(#PCDATA)>
[6]      <!ELEMENT 联系电话(#PCDATA)>
[7]      <!ELEMENT 职工(姓名,性别,部门,联系电话)>
[8]      <!ELEMENT 职工列表(职工*)>
[9]      <!ATTLIST 职工 编号 ID#IMPLIED>
[10]     <!ATTLIST 职工 朋友 IDREFS#IMPLIED>
[11]   ]>
[12]   <职工列表>
[13]      <职工 编号="E01" 朋友="E02 E03">
[14]         <姓名>张晓迪</姓名>
[15]         <性别>女</性别>
[16]         <部门>销售部</部门>
[17]         <联系电话>13912345678</联系电话>
[18]      </职工>
[19]      <职工 编号="E02" 朋友="E03">
[20]         <姓名>王晓宇</姓名>
[21]         <性别>男</性别>
[22]         <部门>财务部</部门>
[23]         <联系电话>13812346543</联系电话>
[24]      </职工>
[25]      <职工 编号="E03">
[26]         <姓名>赵子龙</姓名>
[27]         <性别>男</性别>
[28]         <部门>企划部</部门>
[29]         <联系电话>13523651234</联系电话>
[30]      </职工>
[31]   </职工列表>
```

8. ENTITY 类型

当 ENTITY 为属性的类型时,该属性的值应该为一个已经定义的实体引用。通常可用来引用图像文件等二进制不可析实体。当 ENTITY 为属性的类型时,该属性的值应该为一个已经定的实体引用。通常可用来引用图像文件等二进制不可拆实体,简单应用如下所示。

```
[1]   <!--DTD部分-->
[2]   <!ATTLIST 相片 source ENTITY#REQUIRED>
[3]   <!ENTITY photo SYSTEM "bg2.jpg">
[4]   <!--文件元素部分-->
[5]   <相片 source="photo"/>
```

注意:这里的属性值引用的是 photo 实体,但是并没有按实体引用的一般形式 (&photo;)书写,因为 source 属性本身就是实体类型。

9. ENTITYS 类型

前面讲述了 IDREF 和 IDREFS 类型的关系,因此可以推导出 ENTITY 和 ENTITYS

类型之间的关系。ENTITYS 类型相当于是 ENTITY 的复数，允许多个 ENTITY 类型的属性值作为该类型属性的值，各个 ENTITY 类型属性值间用空格隔开。使用方法如下所示。

```
[1]    <!--DTD 部分-->
[2]    <!ATTLIST 相片 source ENTITYS # REQUIRED>
[3]    <!ENTITY photo1 SYSTEM "bg1.jpg">
[4]    <!ENTITY photo2 SYSTEM "bg2.jpg">
[5]    <!--文件元素部分-->
[6]    <相片 source="photo1 photo2"/>
```

10. NOTATION 类型

当实体为不可析实体时，XML 解析器无法解析它，因此需要声明能够解析这种实体的程序，声明时应该使用"NOTATION"关键字，如：

```
<!NOTATION BMP SYSTEM "bmp.exe">
```

当在 XML 文档中需要引用这种不可析实体时，可以为该元素声明两个属性：一个属性用来引用该不可析实体，属性类型为"ENTITY"；另一个用来指出解析该实体的程序，属性类型为"NOTATION"，而该种属性类型的值必须是用"NOTATION"声明过的实体。使用方法如例 3-15(ch3-11. xml)所示。

【例 3-15】

```
[1]    <?xml version="1.0" encoding="GB2312"?>
[2]    <!DOCTYPE 相册 [
[3]     <!ELEMENT 相册(相片)>
[4]     <!ELEMENT 相片 EMPTY>
[5]     <!NOTATION BMP SYSTEM "bmp.exe">
[6]     <!NOTATION JPG SYSTEM "jpg.exe">
[7]     <!ATTLIST 相片 source ENTITY # REQUIRED>
[8]     <!ATTLIST 相片 seesoft NOTATION (BMP|JPG) # REQUIRED>
[9]     <!ENTITY photo SYSTEM "photo1.bmp">
[10]   ]>
[11]   <相册>
[12]    <相片 source="photo" seesoft="BMP"/>
[13]   </相册>
```

在 XML 文档中可能会出现很多相同的数据内容，如果这些内容很长，这样的文档写起来就会在重复事情上浪费很多时间。那么如何解决这样的问题呢？

3.5   实体的定义和使用

解决上面问题的方法就是使用实体。那么，什么是实体呢？简单来说，实体就是为事先定义好的文本或二进制内容定义一个名称,方便在使用的时候进行引用。

　　由于实体有多种不同的形式,在学习的时候可能会产生一定的疑惑,不过没有关系,下面就针对这种情况介绍实体的三种不同的分类方式。

　　1.根据实体的引用位置可以分为通用实体和参数实体。通用实体既可以用在 XML 文档中,也可以用在 DTD 文档中。而参数实体只能用在 DTD 文档中。

　　2.根据实体与文档的关系可以分为内部实体和外部实体。内部实体完全引用它的文档内的定义。而外部实体的内容则全部来源于外部文档。

　　3.根据实体的内容可以分为解析实体和未解析实体。解析实体的内容都是规范的 XML 文本。而未解析实体的内容则为二进制数据,例如图片、音乐等,目前还不能被 XML 处理器解析。

　　目前,未解析实体都是在其他语言中处理的,因此本节主要介绍前两种分类方式。这两种实体可以组合出四种情况,如图 3-1 所示。

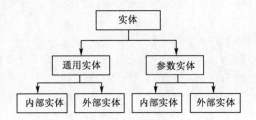

图 3-1　实体的分类

下面针对以上四种情况分别进行介绍。

3.5.1　内部通用实体

　　内部通用实体只能在 XML 文档内部定义或者在与之连接的 DTD 文档内部定义,在 XML 文档内或 DTD 文档内使用。内部通用实体的定义和引用情况可形象地表示成如图 3-2 所示的形式。

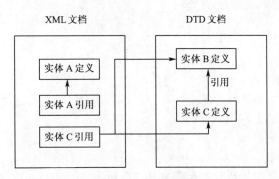

图 3-2　内部通用实体定义和引用的关系

定义内部通用实体的语法为。

<!ENTITY 实体名称 "实体内容">

(1)"<!"表示实体定义的开始,">"表示实体定义的结束,"ENTITY"代表实体定义的关键字,必须全为大写。在"<!"和"ENTITY"之间不允许加入空格。

(2)实体名称为用户自定义的表示实体的名称,要求符合 XML 标记的命名规则。

(3)实体内容为用户要引用的具体内容。

虽然学会了实体定义的方法,但要在 XML 文档中使用这些实体,还应该学会引用实体的方法,如下所示。

& 实体名称；

注意:实体名称前面的"&"和后面的";"都是半角字符,如果使用了中文全角字符,就会出错,而且实体名称和其前后的字符中间都不允许出现空格。

下面通过一个具体的实例来说明内部通用实体的使用,如例 3-16(ch3-12.xml)所示。

【例 3-16】

```
[1]   <? xml version="1.0" encoding="GB2312"?>
[2]   <!DOCTYPE 职工列表 [
[3]     <!ELEMENT 姓名 (#PCDATA)>
[4]     <!ELEMENT 性别 (#PCDATA)>
[5]     <!ELEMENT 部门 (#PCDATA)>
[6]     <!ELEMENT 评价 (#PCDATA)>
[7]     <!ELEMENT 职工 (姓名,性别,部门,评价)>
[8]     <!ELEMENT 职工列表 (职工*)>
[9]     <!ENTITY 良好 "该职工工作努力,为人诚恳">
[10]  ]>
[11]  <职工列表>
[12]    <职工>
[13]      <姓名>张晓迪</姓名>
[14]      <性别>女</性别>
[15]      <部门>销售部</部门>
[16]      <评价>&良好;</评价>
[17]    </职工>
[18]    <职工>
[19]      <姓名>王晓宇</姓名>
[20]      <性别>男</性别>
[21]      <部门>财务部</部门>
[22]      <评价>&良好;</评价>
[23]    </职工>
[24]  </职工列表>
```

ch3-12.xml 的程序代码运行结果如图 3-3 所示。

通过该图可以看出,在浏览器中用实体的内容替换掉了实体引用。这样可以提高文档的书写效率,也使文档的外观更加简洁。此外,当实体的内容需要变化的时候,只需要修改实体定义即可,无须修改实体引用,这样可以提高文档内容的正确率和文档修改的

图 3-3　使用内部通用实体演示结果

效率。

　　需要注意的是，实体的定义可以嵌套，但是不能循环嵌套，如下面的写法是正确的。

```
[1]  <!ENTITY 实体 1 "第一个实体,">
[2]  <!ENTITY 实体 2 "&实体 1;第二个实体">
```

　　而以下的两种写法是错误的，虽然在使用 Altova XMLSpy 2010 软件时查不出错误，但是用浏览器运行时将会出现无法显示 XML 文档的错误。

```
[1]  <!ENTITY 实体 1 "第一个实体,&实体 2;">
[2]  <!ENTITY 实体 2 "&实体 1;;第二个实体">
```

或者

```
[1]  <!ENTITY 实体 1 "第一个实体,&实体 1;">
```

　　在 DTD 中定义和引用内部通用实体的方法如例 3-17(ch3-5.dtd)所示。

【例 3-17】

```
[1]  <?xml version="1.0" encoding="GB2312"?>
[2]  <!ELEMENT 姓名 (#PCDATA)>
[3]  <!ELEMENT 性别 (#PCDATA)>
[4]  <!ELEMENT 部门 (#PCDATA)>
[5]  <!ELEMENT 评价 (#PCDATA)>
[6]  <!ELEMENT 职工 (姓名, 性别, 部门, 评价)>
[7]  <!ELEMENT 职工列表 (职工* )>
[8]  <!ENTITY 实体 1 "第一个实体;">
[9]  <!ENTITY 实体 2 "&实体 1;;第二个实体">
```

 在 DTD 文档中,有很多时候定义的元素类型或属性名称和类型是相同的,需要重复定义,同样会在重复事情上浪费很多时间。那么如何解决这样的问题呢?

3.5.2　内部参数实体

内部参数实体只能在 DTD 文档内部定义和引用,不能在 XML 文档内部引用,也不能在外部 DTD 文档中引用。那么参数实体和通用实体有什么区别呢? 简单来讲,通用实体内容一般为文档的具体数据内容,而参数实体可以包含 XML 文档的标记和数据类型等。内部参数实体的定义方法如下:

<!ENTITY % 实体名称 "实体内容">

(1)"<!"表示实体定义的开始,">"表示实体定义的结束,"ENTITY"代表实体定义的关键字,必须全为大写。在"<!"和"ENTITY"之间不允许加入空格。

(2)"%"为定义参数实体的标记,不能省略。

(3)"实体名称"为用户自定义的、表示参数实体的名称,要求符合 XML 标记的命名规则。

(4)"实体内容"为用户要引用的具体标记等。

现在,已经学会了参数实体定义的方法,要在 DTD 文档中使用这些实体,就应该学会引用参数实体的方法,如下所示。

% 实体名称;

注意:实体名称前面的"%"和后面的";"都是半角字符,如果使用了中文全角字符,就会出错,而且实体名称和其前后的字符中间都不允许出现空格。

下面通过一个具体的实例来说明内部参数实体的使用方法,如例 3-18(ch3-6.dtd)所示。

【例 3-18】

```
[1]    <?xml version="1.0" encoding="GB2312"?>
[2]    <!ENTITY % dt "(#PCDATA)">
[3]    <!ENTITY % 职工信息 "(姓名,性别,部门,评价)">
[4]    <!ELEMENT 姓名 %dt;>
[5]    <!ELEMENT 性别 %dt;>
[6]    <!ELEMENT 部门 %dt;>
[7]    <!ELEMENT 评价 %dt;>
[8]    <!ELEMENT 职工 %职工信息;>
[9]    <!ELEMENT 职工列表(职工*)>
```

使用如上 DTD 文件的 XML 文件如例 3-19(ch3-13.xml)所示。

【例 3-19】

```
[1]    <?xml version="1.0" encoding="GB2312"?>
[2]    <!DOCTYPE 职工列表 SYSTEM "ch3-6.dtd"[
```

```
[3]        <!ENTITY 良好 "该职工工作努力,为人诚恳">
[4]     ]>
[5]     <职工列表>
[6]      <职工>
[7]        <姓名>张晓迪</姓名>
[8]        <性别>女</性别>
[9]        <部门>销售部</部门>
[10]       <评价>&良好;</评价>
[11]     </职工>
[12]     <职工>
[13]       <姓名>王晓宇</姓名>
[14]       <性别>男</性别>
[15]       <部门>财务部</部门>
[16]       <评价>&良好;</评价>
[17]     </职工>
[18]    </职工列表>
```

在 IE 浏览器中打开上面的文件,运行结果如图 3-3 所示。

使用内部参数实体可以编写一个属性组,当有多个元素具有相同的属性组时,用内部参数实体的方法可以节省很多代码,这也是其常用的应用方式,接下来写一个综合的例子,如例 3-20(ch3-7.dtd)所示。

【例 3-20】

```
[1]     <?xml version="1.0" encoding="UTF-8"?>
[2]     <!ENTITY % 基本信息 "(姓名,性别,年龄)">
[3]     <!ENTITY % pt    "(# PCDATA)">
[4]     <!ENTITY %att
[5]        "编号 ID # REQUIRED
[6]        出生日期 CDATA  '1980-1-1' "
[7]     >
[8]     <!ELEMENT 列表((教师|学生)+)>
[9]     <!ELEMENT 教师 %基本信息;>
[10]    <!ELEMENT 学生 %基本信息;>
[11]    <!ELEMENT 姓名 %pt;>
[12]    <!ELEMENT 性别 %pt;>
[13]    <!ELEMENT 年龄 %pt;>
[14]    <!ATTLIST 教师 %att;>
[15]    <!ATTLIST 学生 %att;>
```

使用如上 DTD 文件的 XML 文件如例 3-21(ch3-14.xml)所示。

【例 3-21】

```
[1]     <?xml version="1.0" encoding="UTF-8"?>
[2]     <!DOCTYPE 列表 SYSTEM "ch3-7.dtd">
[3]     <列表>
```

```
[4]      <教师 编号="T01" 出生日期="1980-1-1">
[5]        <姓名/>
[6]        <性别/>
[7]        <年龄/>
[8]      </教师>
[9]      <学生 编号="S01">
[10]       <姓名>aa</姓名>
[11]       <性别>n</性别>
[12]       <年龄>122</年龄>
[13]     </学生>
[14]   </列表>
```

在 XML 文档中,有些内容会在多个 XML 文档中重复出现,使得每个 XML 文档都要重复编写这些内容,需要修改的时候每个文档都需要修改一次,浪费了很多时间,也容易改错或漏改。那么如何解决这样的问题呢?

3.5.3 外部通用实体

如果需要引用外部的文件,就应该在文档中通过"URL"定位找到相应的文件,那么如何来引用外部的文件呢? 这时就需要使用外部实体,如果外部的文件是 XML 文件,则这样的外部实体就是外部通用实体。外部通用实体的定义方法如下所示。

<!ENTITY 实体名称 SYSTEM "实体文件路径">

(1)"<!"表示实体定义的开始,">"表示实体定义的结束。

(2)"ENTITY"代表实体定义的关键字,必须全为大写。在"<!"和"ENTITY"之间不允许加入空格。

(3)"实体名称"为用户自定义的表示实体的名称,要求符合 XML 标记的命名规则。

(4)"SYSTEM"为定义外部实体的关键字,必须大写。

(5)"实体文件路径"指明了要引入到该文件的其他 XML 文件的路径。

现在,已经学会了外部通用实体定义的方法,要在 XML 文档中使用这些实体,就应该学会引用外部通用实体的方法,如下所示。

& 实体名称;

对实体引用的注意事项同内部通用实体引用的注意事项。

下面通过一个具体的实例来说明外部通用实体的使用,如例 3-22(ch3-15. xml)所示。

【例 3-22】

```
[1]   <?xml version="1.0" encoding="GB2312"?>
[2]   <!DOCTYPE 职工列表 [
```

```
[3]    <!ELEMENT 姓名(#PCDATA)>
[4]    <!ELEMENT 性别(#PCDATA)>
[5]    <!ELEMENT 部门(#PCDATA)>
[6]    <!ELEMENT 评价(#PCDATA)>
[7]    <!ELEMENT 职工 (姓名,性别,部门,评价)>
[8]    <!ELEMENT 职工列表 (职工*)>
[9]    <!ENTITY 职工1 SYSTEM "ch3-16.xml">
[10]   <!ENTITY 职工2 SYSTEM "ch3-17.xml">
[11]   ]>
[12]   <职工列表>
[13]    & 职工1;
[14]    & 职工2;
[15]   </职工列表>
```

在 ch3-15.xml 中用到的 ch3-16.xml 文件内容如下所示。

```
[1]    <?xml version="1.0" encoding="GB2312"?>
[2]    <职工>
[3]     <姓名>张晓迪</姓名>
[4]     <性别>女</性别>
[5]     <部门>销售部</部门>
[6]     <评价>该职工工作努力,为人诚恳</评价>
[7]    </职工>
```

在 ch3-15.xml 中用到的 ch3-17.xml 文件内容如下所示。

```
[1]    <?xml version="1.0" encoding="GB2312"?>
[2]    <职工>
[3]     <姓名>王晓宇</姓名>
[4]     <性别>男</性别>
[5]     <部门>财务部</部门>
[6]     <评价>该职工工作努力,为人诚恳</评价>
[7]    </职工>
```

将上面的 ch3-15.xml 文件用 IE 浏览器打开,运行结果如图 3-3 所示。

> 很多时候,有些 DTD 文档中的内容会在多个 DTD 文档中重复出现,这样每个 DTD 文档都要重复编写这些内容,需要修改的时候也需要每个文档都修改一次,浪费了很多时间,也容易改错或漏改。那么如何解决这样的问题呢?

3.5.4　外部参数实体

在 3.5.3 中已经讲过,需要引用外部文件时,应该在文档中通过"URL"定位找到相应的文件,可以使用外部实体,如果外部的文件是 XML 文件,则这样的外部实体就是外部通用实体。相应的,如果外部的文件是 DTD 文件,则这样的外部实体就是外部参数实体。外部参数实体的定义方法如下所示。

```
<!ENTITY % 实体名称 SYSTEM "实体文件路径">
```

(1)"<!"表示实体定义的开始,">"表示实体定义的结束。

(2)"ENTITY"代表实体定义的关键字,必须全为大写。在"<!"和"ENTITY"之间不允许加入空格。

(3)"%"为定义外部参数实体的标识,不可省略。

(4)实体名称为用户自定义的表示实体的名称,要求符合 XML 标记的命名规则。

(5)"SYSTEM"为定义外部实体的关键字,必须大写。

(6)实体文件路径指明了要引入到该文件内的其他 DTD 文件的路径。

现在,已经学会了外部参数实体定义的方法,要在 DTD 文档中使用这些实体,就应该学会引用外部参数实体的方法,如下所示。

```
% 实体名称;
```

对实体引用的注意事项同内部参数实体引用的注意事项。

下面通过一个具体的实例来说明外部参数实体的使用,如例 3-23(ch3-8.dtd)所示。

【例 3-23】

```
[1]  <?xml version="1.0" encoding="GB2312"?>
[2]  <!ENTITY %  职工信息 SYSTEM "ch3-9.dtd">
[3]  % 职工信息;
[4]  <!ELEMENT 职工(姓名,性别,部门,评价)>
[5]  <!ELEMENT 职工列表(职工*)>
```

在 ch3-8.dtd 中用到的 ch3-9.dtd 文件内容如下所示。

```
[1]  <?xml version="1.0" encoding="GB2312"?>
[2]  <!ELEMENT 姓名(#PCDATA)>
[3]  <!ELEMENT 性别(#PCDATA)>
[4]  <!ELEMENT 部门(#PCDATA)>
[5]  <!ELEMENT 评价(#PCDATA)>
```

上面的 DTD 文档可以使用 ch3-13.xml 文件对其进行检验,只要链接 ch3-8.dtd 文件即可,运行结果和图 3-3 一致。

通过前面的例子可能看不出来外部参数实体的优势,那么请看接下来的例子。假如想在两个 DTD 中分别定义学生的结构和教师的结构,但是学生和教师包含的子元素是一模一样的,这时用内部参数实体是不适用的,因为是两个 DTD 而不是一个,因此就需要用到外部参数实体来简化 DTD,可以先把公共部分写成一个 DTD,如例 3-24(public.dtd)所示。

【例 3-24】

```
[1]  <?xml version="1.0" encoding="UTF-8"?>
[2]  <!ELEMENT 姓名(#PCDATA)>
[3]  <!ELEMENT 性别(#PCDATA)>
```

学生 DTD 如例 3-25(student.dtd)所示。

【例 3-25】

```
[1]   <?xml version="1.0" encoding="UTF-8"?>
[2]   <!ENTITY % pub SYSTEM "public.dtd">
[3]   <!ELEMENT 学生列表 (学生+)>
[4]   <!ELEMENT 学生 (姓名,性别)>
[5]   % pub;
```

教师 DTD 如例 3-26(teacher.dtd)所示。

【例 3-26】

```
[1]   <?xml version="1.0" encoding="UTF-8"?>
[2]   <!ENTITY % pub SYSTEM "public.dtd">
[3]   <!ELEMENT 教师列表 (教师+)>
[4]   <!ELEMENT 教师 (姓名,性别)>
[5]   % pub;
```

使用学生 DTD 的 XML 文件如例 3-27(student.xml)所示。

【例 3-27】

```
[1]   <?xml version="1.0" encoding="UTF-8"?>
[2]   <!DOCTYPE 学生列表 SYSTEM "student.dtd">
[3]   <学生列表>
[4]     <学生>
[5]       <姓名>张三</姓名>
[6]       <性别>男</性别>
[7]     </学生>
[8]   </学生列表>
```

使用教师 DTD 的 XML 文件如例 3-28(teacher.xml)所示。

【例 3-28】

```
[1]   <?xml version="1.0" encoding="UTF-8"?>
[2]   <!DOCTYPE 教师列表 SYSTEM "teacher.dtd">
[3]   <教师列表>
[4]     <教师>
[5]       <姓名>李四</姓名>
[6]       <性别>男</性别>
[7]     </教师>
[8]   </教师列表>
```

 在编写 DTD 的时候,有些内容修改后,原来的内容还有可能会用到,不能删除,这时候怎么办呢?

3.6   IGNORE 与 INCLUDE 指令

在编写 DTD 时,可能要反复调试 DTD 中的约束条件,也可能需要暂时改变某些约束条件,如果把暂时不需要的约束条件删了,等到再次需要使用的时候,还得重新编写,浪费时间和精力。这时,IGNORE 与 INCLUDE 指令就变得很有用了。IGNORE 指令的作用是忽略 DTD 中的某些约束条件,即 DTD 编译器不会对 IGNORE 中的约束条件进行处理,而 INCLUDE 指令则包含某些约束条件。

IGNORE 指令的一般格式如下:

```
<![IGNORE[
    DTD中的某些约束条件
]]>
```

INCLUDE 指令的一般格式如下:

```
<!INCLUDE[
    DTD中的某些约束条件
]]>
```

例如,"职工"有"姓名""性别"和"出生年月"3 个子标记。在 DTD 中通过如下约束条件规定了 3 个子标记的顺序:

```
[1]    <!ELEMENT 职工(姓名,性别,出生年月)>
```

如果想调整"职工"的子标记顺序或不想使用这样的约束条件,就不能简单地从 DTD 中删除原有的约束条件,那样等到再次需要使用的时候还得重写。当想改变或忽略某些约束条件时,可以使用 IGNORE 与 INCLUDE 指令,忽略旧的约束条件,包含新的约束条件:

```
[1]    <![IGNORE[
[2]        <!ELEMENT  职工(姓名,性别,出生年月)>
[3]    ]]>
[4]    <!INCLUDE[
[5]        <!ELEMENT  职工(姓名,性别,联系电话)>
[6]    ]]>
```

注意:在使用 IGNORE 与 INCLUDE 指令时,要保证 DTD 的正确性和完整性。

在下面的例子中,使用 IGNORE 与 INCLUDE 指令调整约束条件。DTD 部分如例 3-29(ch3-10.dtd)所示。

【例 3-29】

```
[1]    <?xml version="1.0" encoding="UTF-8"?>
[2]    <!ELEMENT    职工列表(职工)+>
[3]    <![IGNORE[
[4]        <!ELEMENT 职工(姓名,性别,出生年月)>
[5]    ]]>
```

```
[6]  <![INCLUDE[
[7]    <!ELEMENT 职工 (性别,姓名,联系电话)>
[8]  ]]>
[9]  <!ELEMENT  姓名 (#PCDATA)>
[10] <!ELEMENT  性别 (#PCDATA)>
[11] <![IGNORE[
[12]   <!ELEMENT 出生年月 (#PCDATA)>
[13] ]]>
[14] <![INCLUDE[
[15]   <!ELEMENT 联系电话 (#PCDATA)>
[16] ]]>
```

与 3-10.dtd 相关联的 XML 部分如例 3-30(ch3-18.xml)所示。

【例 3-30】

```
[1] <?xml version="1.0" encoding="UTF-8"?>
[2] <!DOCTYPE 职工列表 SYSTEM "ch3-10.dtd">
[3] <职工列表>
[4]   <职工>
[5]     <性别>男</性别>
[6]     <姓名>张强</姓名>
[7]     <联系电话>15941566987</联系电话>
[8]   </职工>
[9] </职工列表>
```

注意：这两种指令不能用内部 DTD 的形式定义，否则会出现错误，浏览器也不能正确地解析这种形式。

3.7 本章总结

本章主要讲述了 DTD 的基本结构和在 XML 文档中引用 DTD 文件的两种方法。在 DTD 中提供了元素定义、属性定义和实体定义的方法。

其中元素定义部分详细地介绍了元素内容定义的方法和如何控制元素内容，灵活运用这些方法可以定义比较复杂的 XML 结构，达到意想不到的效果。

属性定义中对其各个部分进行了细致的介绍，尤其重要的是属性类型的介绍，这部分内容虽多，但是常用的类型都比较重要。在现实生活中可以根据不同的情况定义不同的类型，以检验文档定义的正确性。

最后，本章还讲述了实体的定义和使用，常用的实体类型分为：内部通用实体、内部参数实体、外部通用实体和外部参数实体。学习好实体的用法，有助于使用 XML 开发大型程序，这样可以把多个文件的内容集成到一起。

3.8 习 题

一、选择题

1.在 XML 文档中引用 DTD 的关键字为（   ）。

A. ELEMENT   B. DOCTYPE   C. ATTLIST   D. ENTITY

2.引用外部私有 DTD 文件的关键字为（   ）。

A. PUBLIC   B. DOCTYPE   C. SYSTEM   D. CDATA

3.希望子元素出现 0 或 1 次，应该怎样定义元素类型（   ）。

A. 子元素?   B. 子元素＋   C. 子元素－   D. 子元素 *

4.如果希望属性值为某些固定值之一，可将该属性定义为（   ）类型。

A. ♯PCDATA   B. CDATA   C. 枚举   D. NMTOKEN

5.如果希望属性的取值唯一，则该属性应定义为（   ）类型。

A. ID   B. IDREF   C. IDREFS   D. ENTITY

二、填空题

1.定义元素的关键字为（   ），定义属性的关键字为（   ），定义实体的关键字为（   ）。

2.为"学生"元素定义属性"联系方式（手机号）"，由于有的同学有手机，有的同学没有，所以该属性应定义为（   ）默认值类型。

3.如果希望属性值从已有的 ID 属性值中选择一个，那么这个属性的类型为（   ）。

4.根据实体与文档的关系可将实体分为（   ）和（   ）。

5.引用参数实体的方法为（   ）。

6.引用通用实体的方法为（   ）。

7.希望元素 student 中至少含有 3 个 hobby 元素的 DTD 应定义为（   ）。

8.希望元素 student 中含有 2~4 个 hobby 元素的 DTD 应定义为（   ）。

9.希望元素 student 中最多含有 3 个 hobby 元素的 DTD 应定义为（   ）。

三、编程题

1.在一个学生列表中含有 1~n 个学生，每个学生都有姓名、性别、年龄、出生日期、工作开始日期、工作结束日期、工作单位和职位，不过有的同学有工作经历（有工作开始日期、工作结束日期、工作单位和职位），有的没有；有的只在一个单位兼职过，有的则在多个单位兼职过；而且有的时候学生兼职时没有具体职位，这时学生信息中就没有职位，不过可以使用内容简介替换，这样用人单位就可以了解到同学们兼职时的工作性质。请为这段描述信息编写一个符合要求的 DTD 文档。

2.在一个学生列表中含有 1~n 个班级，每个班级含有 1~n 个学生，每个学生都有姓名、性别子元素，其中每个学生都必须含有"学号"属性，而且这个学号的取值唯一。每个班级都含有属性党员、特定奖学金、一等奖学金和二等奖学金，这些属性的取值都为学号的值，其中每个班级可以有 0~n 个党员，0~1 个特等奖学金，1 个一等奖学金，1~n 个二等奖学金。请为上面的描述信息编写符合要求的 DTD 文档。

XML模式定义

第4章

本章学习要点

◇ 学习如何定义命名空间

◇ 了解模式定义和 DTD 的区别

◇ 熟练掌握 Schema 中元素标记的含义和用法

◇ 学会引用 Schema 文件的方法

上一章中学习了使用 DTD 来验证 XML 文档。尽管 DTD 能够验证文档结构,但还是有所限制。W3C 已经创建了旨在改善 DTD 的 XML Schema,即模式定义。Schema 是使用 XML 语法编写的,和 DTD 相比,它更易于学习和使用。本章将主要探讨 XML Schema 及其功能。上一章所讲的 DTD 不支持命名空间的定义,而 XML Schema 能够充分利用命名空间的优势,因此需要首先介绍命名空间的定义。

 如果在一个 XML 文档中有很多相同的元素,但是这些元素的具体含义不一样,这种情况的 XML 文档应该如何编写呢?

4.1   命名空间

命名空间是在 XML 文档中可以用作元素或属性名称的名称集合,它们表示来自特定域(标准组织、公司、行业)的名称。命名空间的用法在现实生活中经常用到,比如说"电视",并不知道这个"电视"指的是哪种"电视",可以说我家的电视是 A 品牌的电视,也可以是 B 品牌的电视,这里的 A 品牌和 B 品牌就是命名空间的用法。再比如说,在 VC 中说的成员方法 GetPos(),是哪个类的成员方法呢? 是进度条的成员方法还是滑块的成员方法呢? 这时就可以采用命名空间的方法,在调用成员方法的时候,先指出这个成员方法所附属的域,如:

```
[1]    /*调用进度条的成员方法*/
[2]    CProgressCtrl m_progress;
[3]    m_progress.GetPos();
[4]    /*调用滑块的成员方法*/
[5]    CSliderCtrl m_slider;
[6]    m_slider.GetPos();
```

因为在 XML 中,允许用户自己定义标记,这样不可避免地会出现定义重复标记的情况,这时可以使用命名空间的方法,以区分不同域的同名标记。

4.1.1　命名空间的语法

在 XML 中,规定使用 Uniform Resource Identifier(统一资源标识符,URI)识别命名空间。URI 包括 Uniform Resource Name(统一资源名称,URN)和 Uniform Resource Locator(统一资源定位符,URL)。URN 是标识 Internet 资源的全球唯一编号,URL 包含对 Web 上的某个文档或 HTML 页面的引用。

通过上面的介绍可以看出,用来识别命名空间的 URI 具有唯一性,这是用来识别命名空间的必要条件。例如在一个 XML 文档中,既有职工的姓名,也有顾客的姓名,而元素的名称为姓名,这时应该怎样区分哪一个是职工的姓名,哪一个是顾客的姓名呢？可以使用命名空间的方法来指定姓名所属的域。如:

```
[1]   http://www.employee.com.name
[2]   http://www.customer.com.name
```

但是,通过这种方法引用起来十分麻烦。因此 W3C 规定命名空间的语法为将一个前缀与可以用作命名空间的 URI 关联,如下所示。

```
[1]   xmlns:prefix="命名空间的 URI"
```

其中 xmlns 为关键字,以此来判断该属性是用来定义命名空间的。

prefix 是定义的一个名称,作为命名空间的前缀,在引用命名空间时需要使用该前缀。该前缀不能以 xml 开头,其命名规则与 XML 文档中标记的命名规则相同。

命名空间的 URI 要求具有唯一性,一般为一个网址,因为在互联网上,网址是具有唯一性的。

xmlns 是作为属性出现的,一般来讲,这个属性包含在根元素中,这样命名空间的作用范围就是整个 XML 文档的所有元素和属性。下面来看一个使用命名空间的例子,如例 4-1(ch4-1.xml)所示。

【例 4-1】

```
[1]    <?xml version="1.0" encoding="GB2312"?>
[2]    <列表 xmlns:employee="http://www.employee.com.name" xmlns:customer="http://
[3]    www.customer.com.name">
[4]      <employee:姓名>张晓迪</employee:姓名>
[5]      <employee:性别>女</employee:性别>
[6]      <employee:部门>销售部</employee:部门>
[7]      <employee:联系电话>13912345678</employee:联系电话>
[8]      <customer:姓名>张晓迪</customer:姓名>
[9]      <customer:性别>女</customer:性别>
[10]     <customer:部门>销售部</customer:部门>
[11]     <customer:联系电话>13912345678</customer:联系电话>
[12]    </列表>
```

在以上 XML 代码中,有关职工的信息属于 employee 命名空间,而有关顾客的信息属于 customer 命名空间。这样查找职工或顾客的信息就非常方便,处理数据时会更加灵活和精确。

4.1.2　属性的命名空间

当 XML 文档中的多个标记中具有相同的属性时,这些属性属于哪个命名空间呢? W3C 规定,除非带有前缀,否则属性属于它们元素的命名空间。例如:

```
［1］  <employee:姓名 employee:类型="职工姓名"> 张晓迪</employee:姓名>
［2］  <employee:性别 类型="职工性别"> 女</employee:性别>
```

对于上面的两条 XML 语句,其中的类型属性都属于 employee 这个命名空间。如果需要属性的命名空间与其所属元素的命名空间不同的话,就需要指出属性的命名空间前缀。如:

```
［1］  <employee:姓名 employee:类型="职工姓名"> 张晓迪</employee:姓名>
［2］  <employee:性别 customer:类型="职工性别"> 女</employee:性别>
```

学到这里,有人会想到,在 XML 文档中不允许定义同名属性,如果同名属性属于不同的命名空间就可以解决这个问题了,因为在一个元素中可以包含同名属性,但必须是同名属性属于不同的命名空间,因此下面的 XML 语句是正确的。

```
［1］  <employee:姓名 类型="1" customer:类型="2"> 张晓迪</employee:姓名>
```

既然模式定义也能控制 XML 的结构,那么什么是模式定义? 它和 DTD 又有什么区别呢?

4.2　模式定义

XML Schema 如同 DTD 一样,也是用于对 XML 文档进行约束,确定 XML 文档的结构、元素及属性的名称和类型。与 DTD 文件不同的是,XML Schema 文件使用 XML 语法,而且在元素和属性的数据类型定义方面,XML Schema 具有比 DTD 更加强大的功能。此外,XML Schema 能够很好地支持命名空间。

XML Schema 本身是一个 XML 文档,它符合 XML 语法结构,可以用通用的 XML 解析器对其进行解析。XML Schema 是由微软首先提出的,已经被 W3C 接受并审查。微软的 XML Schema 版本称为 XDR(XML Data Reduced)Schema,其扩展名仍为 xml,而 W3C 的 XML Schema 版本称为 XSD(XML Schema Definition)Schema 或 XSDL (XML Schema Definition Language)Schema,扩展名为 xsd,这里主要介绍 XSD Schema 的使用。

4.2.1 XML Schema 声明及根元素

1. XML Schema 声明

因为 XML Schema 本身是一个 XML 文档,因此 XML Schema 的声明与 XML 的声明一样。如下所示:

```
[1]  <?xml version="1.0" encoding="GB2312"?>
```

同样的,这条语句也需要写在 Schema 文件的第一行,其中指令和属性的含义可以查看 2.1.2 节中文档声明的讲述,这里就不再赘述了。

2. 根元素

XML Schema 的根元素为"<xs:schema>",其中"xs"为命名空间前缀,有的资料中根元素写成"<xsd:schema>",也是可以的,只是定义命名空间的前缀不同而已,当然也可以使用其他的前缀。XML Schema 的根元素可写为:

```
[1]  <xs:schema xmlns:xs="http://www.w3.org/2001/XMLSchema">
```

也可以写为:

```
[1]  <xsd:schema xmlns:xsd="http://www.w3.org/2001/XMLSchema">
```

不过,在本书的介绍中,都使用"xs"命名空间,如在操作时使用"xsd"命名空间,需要将本书中所有使用"xs"的地方都换成"xsd"。

XML Schema 根元素的常见属性如下:

(1)xmlns 属性:必选属性,用来建立 Schema 的命名空间。

(2)targetNamespace 属性:可选属性,表示目标命名空间,用来建立用户自己的命名空间。

(3)elementFormDefault 属性:可选属性,表示目标命名空间中的元素是否受限制。属性值有两个选择:unqualified 和 qualified。如果属性值为 unqualified,则表示目标命名空间中的元素不一定遵循本 Schema。如果属性值为 qualified,则必须遵循。

(4)attributeFormDefault 属性:可选属性,表示目标命名空间中元素的属性是否受限制。属性值有两个选择:unqualified 和 qualified。如果属性值为 unqualified,则表示目标命名空间中元素的属性不一定遵循本 Schema。如果属性值为 qualified,则必须遵循。

(5)version 属性:可选属性,表示 Schema 的版本号。

Schema 使用的是 XML 的语法,不过 Schema 中的元素名称是固定的,不能自己定义,那么 Schema 中有哪些元素呢? 这些元素又如何使用呢?

4.2.2 XML Schema 中的元素标记

在 XML Schema 中,为用户预定义了一些固定的元素,这些元素具有特定的意义,掌握了这些元素的含义就可以很方便地编写 Schema 文件了。

1. element 元素

element 元素用于元素的声明，其常用的属性如下：

（1）name 属性：表示元素的名字，不能和 ref 同时使用。

（2）type 属性：表示元素的数据类型，可以是简单的数据类型，如表 4-1 所示，也可以是自己定义的复合类型。不能和 ref 同时使用。

表 4-1　　　　　　　　　Schema 中常用的数据类型

数据类型	含　义
string	任意长度的字符序列
boolean	其值为真或假。真值为 true 或 1，假值为 false 或 0
decimal	任意精度的十进制数，可用来表示正负有理数
float	单精度 32 位浮点数
double	双精度 64 位浮点数
duration	持续时间类型，以 P 开头，两年可以表示为 P2Y。Y 表示年，M 表示月，D 表示日。年月日和时分秒中间用 T 隔开，H 表示小时，M 表示分钟，S 表示秒
time	时间类型，格式为 HH:MM:SS
date	日期类型，格式为 YYYY-MM-DD
hexBinary	使用十六进制表示二进制数据，包括图形文件、可执行程序或其他二进制数据的字符串
anyURI	表示文件名或文件的位置
integer	十进制整型
positiveInteger	大于零的整数
negativeInteger	小于零的整数
nonPositiveInteger	小于等于零的整数
nonNegativeInteger	大于等于零的整数
byte	8 位带符号数字，为 -128～127 的数字
unsignedByte	8 位非负数字，为 0～255 的数字
short	16 位带符号数字，为 -32768～32767 的数字
unsignedShort	16 位非负数字，为 0～65535 的数字
int	32 位带符号数字
unsignedInt	32 位非负数字
long	64 位带符号数字
unsignedLong	64 位非负数字

此外，除了上表所列的数据类型之外，在 3.4.3 节中讲述的数据类型（除了 CDATA，在这里使用 string）在这里也都可以使用。

（3）ref 属性：表示该元素参考已经定义的元素。

（4）fixed 属性：表示该元素的值是不能改变的，不能与 default 一起使用。

（5）default 属性：表示该元素的缺省值。

（6）minOccurs 属性：表示该元素出现的最低次数，取值为大于等于零的整数，为 1 时可以省略。

(7)maxOccurs 属性:表示该元素出现的最高次数,取值为大于零的整数,如果为无穷大,则取值为 unbounded,为 1 时可以省略。

minOccurs 和 maxOccurs 属性用于确定该元素的出现次数,需要注意的是使用这两个属性时,元素定义必须作为其他元素(除了 schema 元素)的子元素。minOccurs 和 maxOccurs 之间的关系如表 4-2 所示。

表 4-2   minOccurs 和 maxOccurs 之间的关系

minOccurs	maxOccurs	元素允许出现的次数
0	1	0 或 1 次
1	1	1 次
0	unbounded	n 次(n>=0)
1	unbounded	n 次(n>0)
>0	unbounded	至少 minOccurs 次

element 元素的使用方法如例 4-2(ch4-1.xsd)所示。

【例 4-2】

```
[1]    <?xml version="1.0" encoding="UTF-8"?>
[2]    <xs:schema xmlns:xs="http://www.w3.org/2001/XMLSchema">
[3]    <xs:element name="职工列表">
[4]      <xs:complexType>
[5]        <xs:sequence>
[6]          <xs:element ref="职工" maxOccurs="unbounded"/>
[7]        </xs:sequence>
[8]      </xs:complexType>
[9]    </xs:element>
[10]   <xs:element name="职工" type="xs:string" default="李四"/>
[11]   </xs:schema>
```

其中第 10 行表示定义"职工"元素,元素类型为字符串型,元素默认值为李四。第 3~9 行表示定义职工列表元素,元素包含子元素职工,而职工元素的定义在第 10 行,这里直接引用过来,引用时限定了"职工"元素的出现次数为 n(n>0)次。因为职工列表包含子元素,属于复合类型,因此需要使用"complexType"元素,"sequence"代表严格按照子元素的顺序出现,将在后面讲到。

使用 Schema 定义 XML 的结构比较严格,有很多结果是 DTD 做不到的,但是 Schema 定义起来代码量较大,如上面的程序使用两行 DTD 就可以了。那么有没有什么办法能快速创建 Schema 文件呢?

下面来讲一下使用 Altova XMLSpy 2010 创建 ch4-1.xsd 的步骤。

(1)单击"File—> New"菜单,在弹出的对话框中选择 xsd(W3C XML Schema)后确定。新建的 Schema 文件如图 4-1 所示。

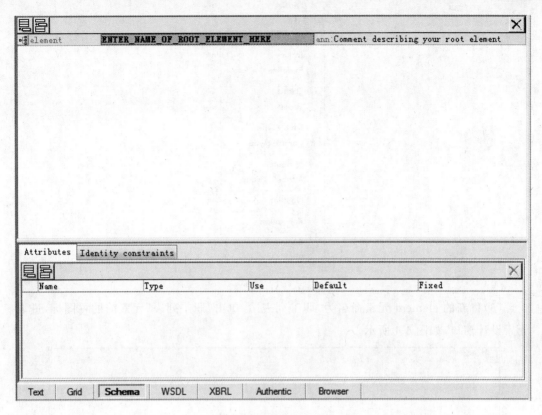

图 4-1　新建的 Schema 文件

（2）将 element 元素后的"ENTER_NAME_OF_ROOT_ELEMENT_HERE"修改为"职工"，并将后面的注释"Comment describing your root element"删掉。

（3）在右侧中部的 Details 窗格中修改"职工"元素的属性。将"type"属性值改为"xs：string"，将"content"属性值修改为"simple"，将"default"属性值改为"李四"。修改之后的 Details 窗格如图 4-2 所示。

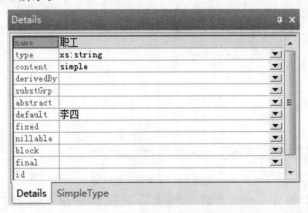

图 4-2　修改属性值之后的 Details 窗格

（4）单击图 4-1 左上角的"Append"图标 ，弹出如图 4-3 所示的菜单。在弹出菜单中选中"Element"选项，将会在图 4-1 的窗口中添加一个新的 element 元素。

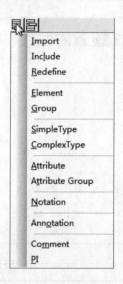

图 4-3　"Append"菜单

（5）将新的 element 元素命名为"职工列表"。单击"职工列表"元素前的 ◨ 图标，进入元素设计窗口，如图 4-4 所示。

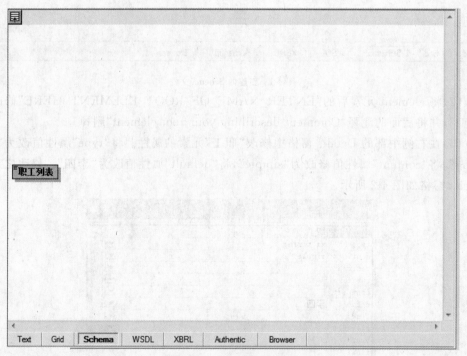

图 4-4　元素设计窗口

（6）右键单击图 4-4 中的"职工列表"，在弹出菜单中选择"Add Child"中的"Sequence"选项，这时会在"职工列表"后面出现 ⋯ 图标，右键单击该图标，在弹出菜单中选择"Add Child"中的"Element"选项，这时会弹出一个选择框，这里选择"职工"，同时会弹出一个对话框，提示是否引用前面定义的"职工"元素，如图 4-5 所示。单击"是"按钮之后例 4-1 设计结束,选择"View"菜单的"Text View"即可看到源码。

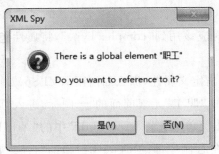

图 4-5 引用"职工"元素提示对话框

2. attribute 元素

attribute 元素用于为元素声明属性,其常用的属性如下:

(1)name 属性:表示所定义的属性的名称。

(2)type 属性:表示所定义的属性的类型。

(3)default 属性:表示所定义的属性的默认值。

(4)required 属性:表示所定义的属性是否是必须出现的,此属性的有效值为"yes"或"no"。如果属性值为"yes",代表此属性是必须出现的,否则不是必须出现的。此属性的默认值为"no"。

下面我们为例 4-1 的"职工"元素添加属性"ID",添加之后如例 4-3(ch4-2. xsd)所示。

【例 4-3】

```
[1]    <?xml version="1.0" encoding="UTF-8"?>
[2]    <xs:schema xmlns:xs="http://www.w3.org/2001/XMLSchema">
[3]      <xs:element name="职工" default="李四">
[4]        <xs:complexType>
[5]          <xs:simpleContent>
[6]            <xs:extension base="xs:string">
[7]              <xs:attribute name="ID" type="xs:integer" use="required"/>
[8]            </xs:extension>
[9]          </xs:simpleContent>
[10]        </xs:complexType>
[11]      </xs:element>
[12]    <xs:element name="职工列表">
[13]      <xs:complexType>
[14]        <xs:sequence>
[15]          <xs:element ref="职工"/>
[16]        </xs:sequence>
[17]      </xs:complexType>
[18]    </xs:element>
[19]  </xs:schema>
```

例 4-3 表示为"职工"元素定义属性,属性名为"ID",属性类型为整型,该属性在元素中必须出现。在 XML 中,从某种意义上讲,一个元素的属性和子元素是可以替换的。因此,当一个元素含有属性时应该用到"complexType",将属性包含在里面,说明"职工"元素是一个复合类型。

既然学会了如何为元素定义属性,那么如何用 XMLSpy 2010 设计 attribute 元素呢?

在例 4-2 的基础上选中"职工"元素前面的圆图标,进入"职工"元素的设计窗口,右键单击"职工"元素,在弹出菜单中选择"Add Child"中的"Attribute"选项,在出现的虚线框中添加"ID"属性名称,在右侧中部的 Details 窗格的"type"属性中选择"xs:integer","use"属性中选择"required"。整体设计结果如图 4-6 所示。

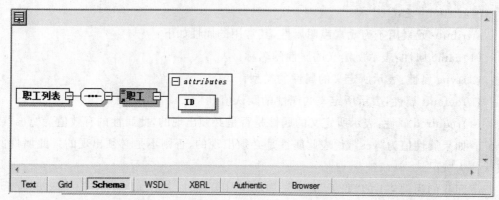

图 4-6   ch4-2. xsd 的 Schema 设计视图

3. complexType 元素

complexType 元素用于定义复合类型,其常用的属性为"name"属性,表示复合数据类型的名称,当该元素嵌入到"element"元素的内部时,"name"属性可以省略,否则该属性必须出现。对于该属性出现在"element"元素内部的用法在例 4-2 中已经出现了。接下来要讲的是该元素的第二种用法,如例 4-4(ch4-3. xsd)所示。

【例 4-4】

```
[1]     <?xml version="1.0" encoding="UTF-8"?>
[2]     <xs:schema xmlns:xs="http://www.w3.org/2001/XMLSchema">
[3]       <xs:element name="职工" type="职工类型"/>
[4]       <xs:element name="职工列表">
[5]         <xs:complexType>
[6]           <xs:sequence>
[7]             <xs:element ref="职工"/>
[8]           </xs:sequence>
[9]         </xs:complexType>
[10]      </xs:element>
```

```
[11]    <xs:complexType name="职工类型">
[12]     <xs:sequence>
[13]      <xs:element name="姓名" type="xs:string"/>
[14]      <xs:element name="性别" type="xs:string"/>
[15]     </xs:sequence>
[16]    </xs:complexType>
[17]  </xs:schema>
```

例 4-4 中的 11～16 行就是 complexType 元素的第二种用法，其中"职工类型"为自定义的复合类型，该类型包括两个子元素，分别为严格按照顺序出现的姓名、性别。而元素职工的类型为"职工类型"，则说明职工元素含有两个严格按照固定顺序出现的子元素。

接下来学习如何使用 XMLSpy 2010 的 Schema 视图设计 ch4-3. xsd。

(1)首先按照前面所讲的方法设计"职工列表"和"职工"元素，然后在图 4-1 中单击"Append"按钮，在弹出菜单中选择"ComplexType"选项，然后在出现的输入框中将复合类型命名为"职工类型"。同时将"职工"元素的"type"属性改为"职工类型"。如图 4-7 所示。

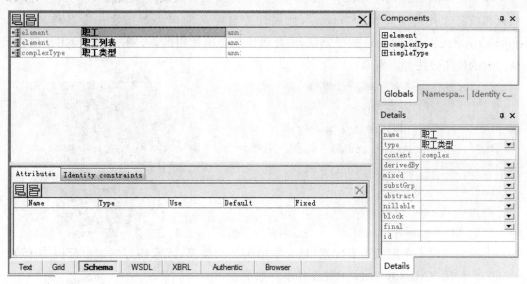

图 4-7　ch4-3. xsd 的 Schema 视图

(2)单击"职工类型"复合类型前面的图标，进入"职工类型"复合类型的设计窗口，为其按顺序添加两个子元素姓名和性别，设计视图如图 4-8 所示。

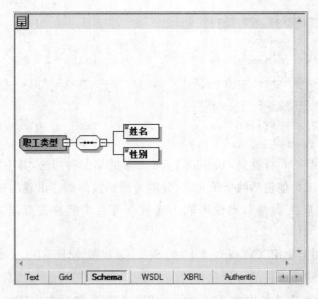

图 4-8 "职工类型"设计视图

4. simpleType 元素

simpleType 元素用于定义一个简单的类型,并指定有关属性值或纯文本类型内容的约束和信息。其常用属性为"name",此属性为自定义简单类型指定一个名称。如果 simpleType 元素是 Schema 的子元素,则此属性是必须使用的,否则不允许使用此属性。该元素的使用方法如下所示。

```
[1]  <xs:element name="工资">
[2]    <xs:simpleType>
[3]      <xs:restriction base="xs:integer">
[4]        <xs:minInclusive value="1500"/>
[5]        <xs:maxInclusive value="5000"/>
[6]      </xs:restriction>
[7]    </xs:simpleType>
[8]  </xs:element>
```

上面的代码表示定义工资元素,该元素的类型为整型,元素内容的取值范围为 1500～5000。使用 XMLSpy 2010 工具设计步骤如下:

首先按照前面所讲的方法添加"工资"元素,选中"工资"元素,在右侧中部的 Details 窗格中修改"type"属性值为"xs:integer","content"属性值为"simple","derivedBy"属性值为"restriction"。这时右侧下部的 Facets 窗格将会出现相关的设计提示,将其中的"minInclusive"值设为 1500,"maxInclusive"值设为 5000,这时"工资"元素就已经全部设计结束,最终结果如图 4-9 所示。

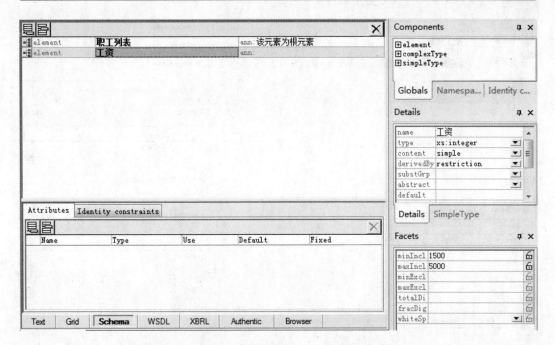

图 4-9　"工资"元素的 Schema 视图

上面的代码也可以改写为：

```
[1]    <xs:element name="工资" type="Salary"/>
[2]      <xs:simpleType name="Salary">
[3]        <xs:restriction base="xs:integer">
[4]          <xs:minInclusive value="1500"/>
[5]          <xs:maxInclusive value="5000"/>
[6]        </xs:restriction>
[7]    </xs:simpleType>
```

元素"restriction"表示对元素或属性值的类型进行限定，会在后面的内容中讲到。该种方法的设计步骤如下：

（1）首先单击"Append"按钮，在弹出菜单中选择"SimpleType"选项，然后在出现的输入框中将简单类型命名为"Salary"，在右侧中部的 Details 窗格中修改"restriction"属性值为"xs:integer"。这时右侧下部的 Facets 窗格将会出现相关的设计提示，将其中的"minInclusive"值设为 1500，"maxInclusive"值设为 5000，这时"Salary"自定义简单类型就已经全部设计结束，设计结果如图 4-10 所示。

图 4-10　"Salary"自定义简单类型的 Schema 视图

（2）按照前面所讲的方法添加"工资"元素，选中"工资"元素，在右侧中部的 Details 窗格中修改"type"属性值为"Salary"即可，至此设计结束。

5. sequence 元素

sequence 元素用于设定子元素的出现次序。其常用属性如下：

（1）minOccurs 属性：表示子元素序列出现的最低次数，默认值为 1。

（2）maxOccurs 属性：表示子元素序列出现的最高次数，默认值为 1。

该元素的使用如下所示。

```
[1]   <xs:element name="职工">
[2]     <xs:complexType>
[3]       <xs:sequence maxOccurs="unbounded">
[4]         <xs:element name="姓名" type="xs:string"/>
[5]         <xs:element name="性别" type="xs:string"/>
[6]         <xs:element name="部门" type="xs:string"/>
[7]         <xs:element name="联系电话" type="xs:string"/>
[8]       </xs:sequence>
[9]     </xs:complexType>
[10]  </xs:element>
```

上面的代码表示"职工"元素含有四个按照顺序出现的子元素：姓名、性别、部门和联系电话，并且这四个子元素可以重复按照固定顺序出现。使用上面代码的 Schema 文件可以对应以下的 XML 代码。

```
[1]   <职工>
[2]     <姓名> 张三</姓名>
[3]       <性别> 男</性别>
```

[4]	＜部门＞销售部＜/部门＞
[5]	＜联系电话＞13425689652＜/联系电话＞
[6]	＜姓名＞李四＜/姓名＞
[7]	＜性别＞男＜/性别＞
[8]	＜部门＞企划部＜/部门＞
[9]	＜联系电话＞15304153321＜/联系电话＞
[10]	＜/职工＞

sequence 元素的设计步骤如下：

（1）添加"职工"元素，并单击"职工"元素前面的 图标，进入"职工"元素的设计窗口，右键单击"职工"，在弹出菜单中选择"Add Child"中的"Sequence"选项，出现 图标，选中该图标，将右侧中部窗口中的"maxOccurs"属性值改为"unbounded"，右键单击该图标，在弹出菜单中选择"Add Child"中的"Element"选项，依次添加姓名、性别、部门和联系电话四个子元素，元素类型都为"xs：string"类型，至此 sequence 元素设计结束，设计图如图 4-11 所示。

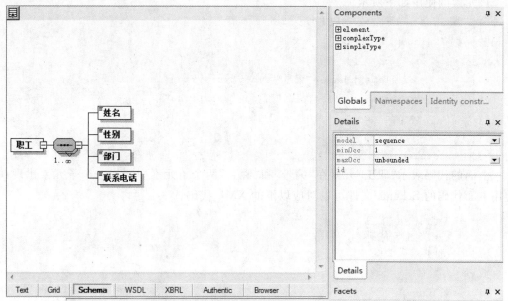

图 4-11　sequence 元素的 Schema 视图

现在读者可以思考一下，上面的 Schema 代码改成如下形式，相应的 XML 代码该如何变化。

```
[1]    <xs:element name="职工列表">
[2]      <xs:complexType>
[3]        <xs:sequence>
[4]          <xs:element ref="职工" maxOccurs="unbounded"/>
[5]        </xs:sequence>
[6]      </xs:complexType>
[7]    </xs:element>
```

```
[8]    <xs:element name="职工">
[9]      <xs:complexType>
[10]       <xs:sequence>
[11]         <xs:element name="姓名" type="xs:string"/>
[12]         <xs:element name="性别" type="xs:string"/>
[13]         <xs:element name="部门" type="xs:string"/>
[14]         <xs:element name="联系电话" type="xs:string"/>
[15]       </xs:sequence>
[16]     </xs:complexType>
[17]   </xs:element>
```

6. choice 元素

choice 元素用于设定在子元素序列中选择任意一个子元素,其常用属性如下:

(1)minOccurs 属性:表示从子元素序列中进行选择的最低次数,默认值为 1。

(2)maxOccurs 属性:表示从子元素序列中进行选择的最高次数,默认值为 1。

该元素的使用如下所示。

```
[1]    <xs:element name="职工">
[2]      <xs:complexType>
[3]        <xs:choice>
[4]          <xs:element name="编号" type="xs:string"/>
[5]          <xs:element name="姓名" type="xs:string"/>
[6]        </xs:choice>
[7]      </xs:complexType>
[8]    </xs:element>
```

上面的代码表示"职工"元素在"编号"和"姓名"两个子元素中选择一个子元素出现。
使用上面代码的 Schema 文件可以对应以下的 XML 代码:

```
[1]    <职工>
[2]          <姓名>张三</姓名>
[3]    </职工>
```

或者

```
[1]    <职工>
[2]          <编号>E01</编号>
[3]    </职工>
```

但是不允许出现以下情况:

```
[1]    <职工>
[2]          <姓名>张三</姓名>
[3]          <编号>E01</编号>
[4]    </职工>
```

如果希望上面的 XML 代码也是合法的,则 Schema 代码应如下所示。

```
[1]    <xs:element name="职工">
[2]      <xs:complexType>
[3]        <xs:choice maxOccurs="unbounded">
```

```
[4]          <xs:element name="编号" type="xs:string"/>
[5]          <xs:element name="姓名" type="xs:string"/>
[6]      </xs:choice>
[7]    </xs:complexType>
[8]  </xs:element>
```

choice 元素的设计步骤如下：

（1）添加"职工"元素，并单击"职工"元素前面的 图标，进入"职工"元素的设计窗口，右键单击"职工"，在弹出菜单中选择"Add Child"中的"Choice"选项，出现 图标，右键单击该图标，在弹出菜单中选择"Add Child"中的"Element"选项，依次添加"编号"和"姓名"两个子元素，元素类型都为"xs:string"类型，至此 choice 元素设计结束，设计图如图 4-12 所示。

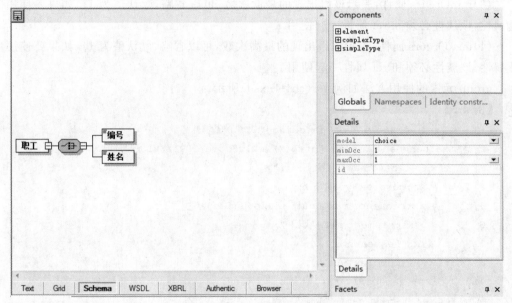

图 4-12　choice 元素的 Schema 视图

现在读者可以思考一下，上面的 Schema 代码改成如下形式，相应的 XML 代码应该如何变化。

```
[1]  <xs:element name="职工列表">
[2]    <xs:complexType>
[3]    <xs:sequence maxOccurs="unbounded">
[4]      <xs:element ref="职工"/>
[5]    </xs:sequence>
[6]   </xs:complexType>
[7]  </xs:element>
[8]  <xs:element name="职工">
[9]    <xs:complexType>
[10]    <xs:choice maxOccurs="unbounded">
[11]      <xs:element name="编号" type="xs:string"/>
[12]      <xs:element name="姓名" type="xs:string"/>
```

```
[13]        </xs:choice>
[14]      </xs:complexType>
[15]    </xs:element>
```

7. group 元素

group 元素用于将子元素分组,使它们更有条理,也可用于设置内容模型。group 元素常用的属性如下:

(1)name 属性:表示组的名称。当 group 元素为 Schema 根元素的子元素时,该属性必须出现。否则,该属性不允许出现。

(2)ref 属性:表示该组参考已定义的组。当 group 元素为 Schema 根元素的子元素时,该属性不允许出现,否则,该属性必须出现。

(3)minOccurs 属性:表示该组出现的最低次数,可以省略,默认值为 1。如果要使用此属性,该属性必须和 ref 属性一起使用。

(4)maxOccurs 属性:表示该组出现的最高次数,可以省略,默认值为 1。如果要使用此属性,该属性必须和 ref 属性一起使用。

group 元素的使用方法如例 4-5(ch4-4.xsd)所示。

【例 4-5】

```
[1]    <?xml version="1.0" encoding="UTF-8"?>
[2]    <xs:schema xmlns:xs="http://www.w3.org/2001/XMLSchema">
[3]      <xs:element name="职工列表">
[4]        <xs:complexType>
[5]          <xs:sequence maxOccurs="unbounded">
[6]            <xs:element ref="职工"/>
[7]          </xs:sequence>
[8]        </xs:complexType>
[9]      </xs:element>
[10]     <xs:element name="职工">
[11]       <xs:complexType>
[12]         <xs:sequence>
[13]           <xs:element name="姓名"/>
[14]           <xs:element name="性别"/>
[15]           <xs:group ref="简历" minOccurs="0" maxOccurs="unbounded"/>
[16]         </xs:sequence>
[17]       </xs:complexType>
[18]     </xs:element>
[19]     <xs:group name="简历">
[20]       <xs:sequence>
[21]         <xs:element name="工作单位" type="xs:string"/>
[22]         <xs:element name="起始日期" type="xs:date"/>
[23]         <xs:element name="结束日期" type="xs:date"/>
[24]       </xs:sequence>
```

```
[25]        </xs:group>
[26]    </xs:schema>
```

以上代码表示职工元素含有五个子元素,分别为:姓名、性别、工作单位、起始日期和结束日期。其中后三个子元素是一个组,组名为"简历",在 19～25 行定义,这个组允许出现 n(n≥0)次。针对上面的代码可写出如下的 XML 代码。

```
[1]    <职工>
[2]        <姓名>张三</姓名>
[3]        <性别>男</性别>
[4]        <工作单位>沈阳＊＊单位</工作单位>
[5]        <起始日期>1985-02-23</起始日期>
[6]        <结束日期>1988-12-26</结束日期>
[7]        <工作单位>北京＊＊单位</工作单位>
[8]        <起始日期>1989-01-21</起始日期>
[9]        <结束日期>1998-12-30</结束日期>
[10]   </职工>
```

group 元素的设计步骤如下:

(1)首先单击"Append"按钮,在弹出菜单中选择"Group"选项,然后在出现的输入框中为组命名为"简历",单击"简历"组前面的 图标,进入"简历"组的设计窗口,右键单击"简历",在弹出菜单中选择"Add Child"中的"Sequence"选项,出现 图标,右键单击该图标,在弹出菜单中选择"Add Child"中的"Element"选项,依次添加"工作单位"、"起始日期"和"结束日期"三个子元素,"工作单位"元素类型为"xs:string"类型,"起始日期"和"结束日期"类型为"xs:date",至此 group 元素设计结束,设计图如图 4-13 所示。

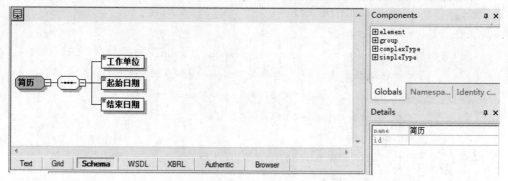

图 4-13　group 元素的 Schema 视图

(2)按照前面所讲的方法添加"职工"元素,并按顺序添加"姓名"和"性别"元素,类型都为"xs:string"类型,然后继续右键单击"职工"后的 图标,在弹出菜单中选择"Add Child"中的"Group"选项,将其右侧中部的 Details 窗格中的 name 属性值选择为"简历",minOccurs 属性值改为"0",maxOccurs 属性值改为"unbounded",至此"职工"元素引用组"简历"设计结束,设计图如图 4-14 所示。

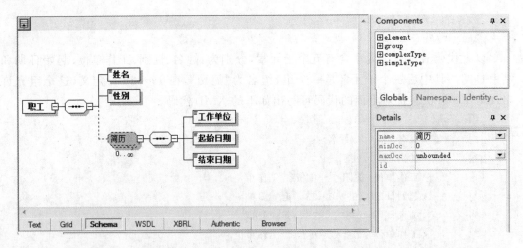

图 4-14   "职工"元素引用组"简历"的 Schema 视图

8. attributeGroup 元素

attributeGroup 元素用于将多个属性打包成一个组来处理,当多个元素具有相同的属性时,这样处理起来会更加简便。attributeGroup 元素常用的属性如下:

(1)name 属性:表示组的名称。当 attributeGroup 元素为 Schema 根元素的子元素时,该属性必须出现。否则,该属性不允许出现。

(2)ref 属性:表示该组参考已定义的组。当 attributeGroup 元素为 Schema 根元素的子元素时,该属性不允许出现,否则,该属性必须出现。

attributeGroup 元素常用方法如下所示。

```
[1]    <xs:element name="职工">
[2]      <xs:complexType>
[3]        <xs:sequence minOccurs="0" maxOccurs="unbounded">
[4]          <xs:element name="工作单位" type="xs:string"/>
[5]          <xs:element name="起始日期" type="xs:date"/>
[6]          <xs:element name="结束日期" type="xs:date"/>
[7]        </xs:sequence>
[8]        <xs:attributeGroup ref="基本信息"/>
[9]      </xs:complexType>
[10]   </xs:element>
[11]   <xs:attributeGroup name="基本信息">
[12]     <xs:attribute name="姓名" type="xs:string"/>
[13]     <xs:attribute name="性别" type="xs:string"/>
[14]   </xs:attributeGroup>
```

以上代码表示职工元素含有三个子元素,分别为:工作单位、起始日期和结束日期。这三个子元素按照顺序允许出现 $n(n \geq 0)$ 次,并且职工元素还有两个属性,这两个属性定义为一个属性组,组名为"基本信息"。针对上面的代码可写出如下的 XML 代码。

```
[1]    <职工 姓名="张三" 性别="男">
[2]        <工作单位>沈阳**单位</工作单位>
[3]        <起始日期>1985-02-23</起始日期>
[4]        <结束日期>1988-12-26</结束日期>
[5]        <工作单位>北京**单位</工作单位>
[6]        <起始日期>1989-01-21</起始日期>
[7]        <结束日期>1998-12-30</结束日期>
[8]    </职工>
```

attributeGroup 元素的设计步骤如下：

（1）首先单击"Append"按钮，在弹出菜单中选择"attributeGroup"选项，然后在出现的输入框中将属性组命名为"基本信息"，单击中部的 Attributes 窗格的"Append"按钮，在弹出菜单中选择"Attribute"选项，在出现的新属性行中填写 Name 值为"姓名"，Type 值为"xs：string"，用同样的方法再添加一个属性名为"性别"，Type 值为"xs：string"的属性，至此 attributeGroup 元素设计结束，设计图如图 4-15 所示。

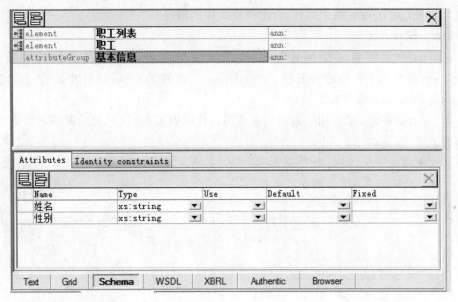

图 4-15　attributeGroup 元素的 Schema 视图

（2）按照前面所讲的方法添加"职工"元素，并按顺序添加"工作单位"、"起始日期"和"结束日期"子元素，工作单位元素类型为"xs：string"类型，其他的元素类型为"xs：date"，右键单击职工后的 图标，将其 minOccurs 属性值改为"0"，maxOccurs 属性值改为"unbounded"。然后右键单击"职工"元素，在弹出菜单中选择"Add Child"中的"attributeGroup"选项，在弹出提示框中选择"基本信息"属性组，至此"职工"元素引用属性组"基本信息"设计结束，设计图如图 4-16 所示。

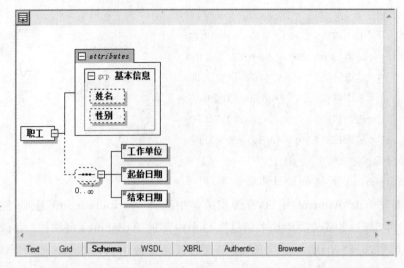

图 4-16 "职工"元素引用属性组"基本信息"的 Schema 视图

学到这里,读者可以思考一下,该元素为什么没有"minOccurs"属性和"maxOccurs"属性? 如果允许出现这两个属性,会出现什么样的情况?

9. restriction 元素

restriction 元素有一个属性"base",该属性用来表示元素或属性的数据类型。restriction 元素的主要用法有五种。restriction 元素的 Schema 设计步骤可以参考前面的 simpleType 元素设计步骤。

(1)restriction 元素可用于限定元素或属性值的取值范围,它为元素限定取值范围的用法如下所示。

```
[1]    <xs:element name="年龄">
[2]      <xs:simpleType>
[3]        <xs:restriction base="xs:integer">
[4]          <xs:minInclusive value="0"/>
[5]          <xs:maxInclusive value="150"/>
[6]        </xs:restriction>
[7]      </xs:simpleType>
[8]    </xs:element>
```

以上代码表示年龄元素的数据类型为整型,其取值范围是 0~150。restriction 元素为属性限定取值范围的方法如下所示。

```
[1]    <xs:element name="职工">
[2]      <xs:complexType>
[3]        <xs:attribute name="年龄" type="取值范围"/>
[4]      </xs:complexType>
[5]    </xs:element>
[6]    <xs:simpleType name="取值范围">
[7]      <xs:restriction base="xs:integer">
[8]        <xs:minInclusive value="0"/>
```

```
[9]        <xs:maxInclusive value="150"/>
[10]     </xs:restriction>
[11]    </xs:simpleType>
```

以上代码表示年龄属性的数据类型为整型,其取值范围是 0～150。

(2)restriction 元素可用于限定字符串的长度。

```
[1]    <xs:simpleType name="字符串长度">
[2]     <xs:restriction base="xs:string">
[3]       <xs:minLength value="0"/>
[4]       <xs:maxLength value="10"/>
[5]     </xs:restriction>
[6]    </xs:simpleType>
[7]    <xs:element name="工作单位" type="字符串长度"/>
```

以上代码表示工作单位元素的数据类型为字符串(string)类型,字符串长度限定在 0～10 的范围内。在 Schema 中不仅可以限定字符串长度的范围,还可以限定固定字符串中字符的个数,用法如下所示。

```
[1]    <xs:simpleType name="字符串长度">
[2]     <xs:restriction base="xs:string">
[3]       <xs:length value="5"/>
[4]     </xs:restriction>
[5]    </xs:simpleType>
[6]    <xs:element name="工作单位" type="字符串长度"/>
```

以上代码表示工作单位元素的数据类型为字符串(string)类型,字符串长度限定为 5 个字符。

(3)restriction 元素可用于限定数值型数据中的最大数字位数和最大小数位数,用法如下所示。

```
[1]    <xs:simpleType name="数字位数">
[2]     <xs:restriction base="xs:decimal">
[3]       <xs:totalDigits value="6"/>
[4]       <xs:fractionDigits value="2"/>
[5]     </xs:restriction>
[6]    </xs:simpleType>
[7]    <xs:element name="工资" type="数字位数"/>
```

以上代码表示工资元素的数据类型为“decimal”类型,最多可包含 6 位数字,小数部分最多包含 2 位。如 3248.50、2500、999.5、6.98、123456 都是合法的数据,而 1.233、12345.23、1234567 都是不合法的数据。

(4)restriction 元素可用于定义枚举类型,用法如下所示。

```
[1]    <xs:simpleType name="枚举类型">
[2]     <xs:restriction base="xs:string">
[3]       <xs:enumeration value="星期一"/>
[4]       <xs:enumeration value="星期二"/>
```

```
[5]        <xs:enumeration value="星期三"/>
[6]        <xs:enumeration value="星期四"/>
[7]        <xs:enumeration value="星期五"/>
[8]        <xs:enumeration value="星期六"/>
[9]        <xs:enumeration value="星期日"/>
[10]       </xs:restriction>
[11]     </xs:simpleType>
[12]     <xs:element name="星期" type="枚举类型"/>
```

以上代码表示星期元素为枚举类型,只能在 enumeration 元素的“value”属性值中取值。

注意:定义枚举类型的设计视图时需在 Facets 窗格的下端选择 Enumerations 窗格,然后单击“Append”菜单,添加枚举项。

(5)restriction 元素可用于限制元素内容满足正则表达式的要求。用法如下所示。

```
[1]  <xs:element name="姓名">
[2]    <xs:simpleType>
[3]      <xs:restriction base="xs:string">
[4]        <xs:pattern value="[a-zA-Z]{5,20}"/>
[5]      </xs:restriction>
[6]    </xs:simpleType>
[7]  </xs:element>
```

以上代码表示姓名元素为字符串类型,满足正则表达式“[a-zA-Z]{5,20}”的要求,该正则表达式表示字符串长度为 5~20,只允许出现大小写英文字母。

注意:定义正则表达式的设计视图时需在 Facets 窗格的下端选择 Patterns 窗格,然后单击“Append”菜单,添加正则表达式。

10. list 元素

list 元素可用于定义某种类型的列表,等价于定义了一种新的数据类型,该数据类型就是多个原有类型的组合,中间用空格隔开,用法如下所示。

```
[1]  <xs:simpleType name="起始日期">
[2]    <xs:list itemType="xs:date"/>
[3]  </xs:simpleType>
```

以上代码表示定义了起始日期元素,该元素的数据类型为日期类型的列表,如“1988-01-01 2003-12-31”是合法的数据。因此根据数据类型“IDREF”和“IDREFS”的关系,可以知道“IDREFS”类型的定义方法,如下所示。

```
[1]  <xs:simpleType name="IDREFS">
[2]    <xs:list itemType="xs:IDREF"/>
[3]  </xs:simpleType>
```

11. union 元素

union 元素表示包含几种基本类型或自定义简单类型的结合,其常用属性为“memberTypes”,表示联合的对象,各个对象间用空格隔开,该属性可以省略,如果该元素包含子元素,则此属性应该省略,否则应该包含此属性。union 元素的使用方法如下所示。

```
[1]    <xs:element name="性别">
[2]     <xs:simpleType>
[3]      <xs:union>
[4]       <xs:simpleType>
[5]        <xs:restriction base="xs:integer">
[6]         <xs:enumeration value="0"/>
[7]         <xs:enumeration value="1"/>
[8]        </xs:restriction>
[9]       </xs:simpleType>
[10]      <xs:simpleType>
[11]       <xs:restriction base="xs:string">
[12]        <xs:enumeration value="男"/>
[13]        <xs:enumeration value="女"/>
[14]       </xs:restriction>
[15]      </xs:simpleType>
[16]     </xs:union>
[17]    </xs:simpleType>
[18]   </xs:element>
```

以上代码表示性别元素的数据类型为两个简单类型的结合,分别为数字枚举类型(取值为 0,1)和字符枚举类型(取值为男,女),也就是说性别的取值只能在这四个值中选择。上面方法的设计步骤如下:

按照前面所讲的方法添加"性别"元素,修改右侧中部 Details 窗格的"Type"属性值为"xs:integer",选择出现的"content"属性值为"simple","derivedBy"属性值为"union"。将该窗格下面的"Details"视图改为"SimpleType"视图,单击上面的 (Add derivation level)图标,添加一个"restriction"项,选择其属性值为"xs:string"。选中值为"xs:integer"的"restriction"项,将其下面 Facets 窗格的"Enumerations"视图中填入"0"和"1",同理,为"xs:string"的"restriction"项填入"男"和"女"两个枚举值,至此 union 元素设计结束,设计效果图如图 4-17 所示。

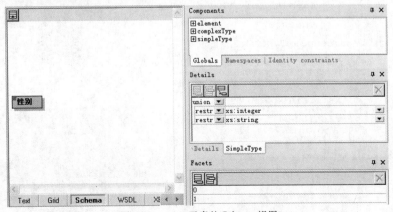

图 4-17 union 元素的 Schema 视图

注意：上面这种定义方法在 XMLSpy 2010 中支持，但是在 XMLSpy 2005 中不支持。

下面看一下使用"memberTypes"属性来表示上面内容的代码。

```
[1]    <xs:simpleType name="数字">
[2]      <xs:restriction base="xs:integer">
[3]        <xs:enumeration value="0"/>
[4]        <xs:enumeration value="1"/>
[5]      </xs:restriction>
[6]    </xs:simpleType>
[7]    <xs:simpleType name="字符">
[8]      <xs:restriction base="xs:string">
[9]        <xs:enumeration value="男"/>
[10]       <xs:enumeration value="女"/>
[11]     </xs:restriction>
[12]   </xs:simpleType>
[13]   <xs:element name="性别">
[14]     <xs:simpleType>
[15]       <xs:union memberTypes="数字 字符"/>
[16]     </xs:simpleType>
[17]   </xs:element>
```

12. unique 元素

unique 元素必须作为 element 元素的子元素出现，用于检验 XML 文档中的非当前元素的属性值是否唯一。其常用方法如例 4-6(ch4-5. xsd)所示。

【例 4-6】

```
[1]    <?xml version="1.0" encoding="UTF-8"?>
[2]    <xs:schema xmlns:xs="http://www.w3.org/2001/XMLSchema">
[3]      <xs:element name="EmployeeList">
[4]        <xs:complexType>
[5]          <xs:sequence maxOccurs="unbounded">
[6]            <xs:element ref="Employee"/>
[7]          </xs:sequence>
[8]        </xs:complexType>
[9]        <xs:unique name="EmployeeidUnique">
[10]         <xs:selector xpath="Employee"/>
[11]         <xs:field xpath="@ id"/>
[12]       </xs:unique>
[13]     </xs:element>
[14]     <xs:element name="Employee">
[15]       <xs:complexType>
[16]         <xs:sequence>
[17]           <xs:element name="name" type="xs:string"/>
```

```
[18]            <xs:element name="sex" type="xs:string"/>
[19]        </xs:sequence>
[20]        <xs:attribute name="id" type="xs:string"/>
[21]      </xs:complexType>
[22]    </xs:element>
[23] </xs:schema>
```

以上代码表示查找 XML 文件的 employee 元素的"id"属性值,保证其唯一性。但读者在使用该元素的时候,要注意在 xpath 属性值中不允许出现中文。

unique 元素的设计步骤如下:

(1)按照前面所讲的方法添加"Employee"元素,元素内容为按顺序出现的"name"和"sex"元素,同时为 Employee 元素添加"id"属性,元素和属性的类型都为"xs：string"类型。然后在首页添加 EmployeeList 元素,进入到其设计界面,为其添加 sequence 子元素,修改其"maxOccurs"属性值为"unbounded",为其添加子元素为 Employee 元素的引用。选中 EmployeeList 元素,右键单击,在弹出菜单中选择"Add Child"菜单下的"Unique"选项,在弹出的输入框中的"unique"后输入"EmployeeidUnique","selector"后输入"Employee","field"后输入"@id"。至此设计结束,设计效果如图 4-18 所示。

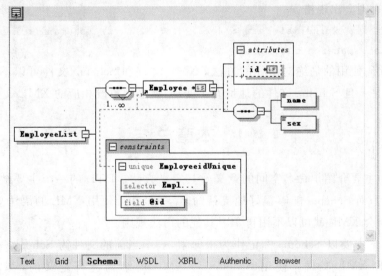

图 4-18　unique 元素的 Schema 视图

13. annotation 元素

annotation 元素用于说明,在 XML 文档中对其不做处理,使用方法如下所示。

```
[1]  <xs:element name="职工列表">
[2]   <xs:annotation>
[3]     <xs:documentation>该元素为根元素</xs:documentation>
[4]   </xs:annotation>
[5]  </xs:element>
```

如果要验证 XML 文档的有效性，就需要在 XML 文档中引用 Schema 文档，那么如何在 XML 文档中引用 Schema 文档呢?

4.3 引用 Schema 文件

如果需要使 XML 文档符合 Schema 的结构要求，就应该在 XML 文档中引用 Schema 文件，引用时可以使用绝对路径，也可以使用相对路径。并且在引用 Schema 文件时所用到的命名空间和路径都应该放到 XML 文件根元素的属性里，具体用法如下所示。

```
[1]  <?xml version="1.0" encoding="UTF-8"?>
[2]  <职工列表 xmlns:xsi="http://www.w3.org/2001/XMLSchema-instance" xsi:
[3]  noNamespaceSchemaLocation="ch4-1.xsd">
```

上面的代码使用的是相对路径的方法，要求 XML 文件和 Schema 文件必须放到一个文件夹中，否则会出现错误。

```
[1]  <职工列表 xmlns:xsi="http://www.w3.org/2001/XMLSchema-instance" xsi:
[2]  noNamespaceSchemaLocation="d:\ch4-1.xsd">
```

上面的代码使用的是绝对路径的方法，XML 文件和 Schema 文件可以不放到一个文件夹中，但是一旦 Schema 文件的地址有了变动，就必须更改相应的 XML 文件。

4.4 本章总结

在本章中主要介绍了命名空间的意义及其定义方法。DTD 的一个主要缺陷就是不支持命名空间，而 Schema 能够很好地支持命名空间，并且使用 XML 的语法规则，这样读者只需要学会 XML 就可以不用再学习其他的语法规则。

在 Schema 中要以 Schema 标记作为根元素，表示当前的文件为 Schema 文件，而不是存储数据的 XML 文件。使用 Schema 对 XML 的结构进行定义时，都需要通过 Schema 预定义的元素进行设置，在本章中主要介绍了 13 个元素，当然 Schema 中还有其他的预定义元素，在本章中不能一一列举，有兴趣的读者可以参考其他的书籍，如《XML 手册》等。

此外，要想使定义的 Schema 文件发生作用，就需要在 XML 文件中引用该 Schema 文件，本章讲述了引用方法，能够检验 XML 文件的有效性。最后给出了几个具体使用 Schema 的例子，方便读者更深入地学习。

4.5　习　题

一、选择题

1.（　　）语法用于编写 Schema。

A. HTML　　　　　　B. XML　　　　　　C. DTD　　　　　　D. SGML

2. Schema 文件支持（　　）。

A. 数据类型　　　　　B. XML　　　　　　C. 命名空间　　　　D. 元素

3.（　　）标签用于定义复合类型。

A. ＜simpleType＞　　　　　　　　　B. ＜attribute＞

C. ＜element＞　　　　　　　　　　　D. ＜complexType＞

4.（　　）属性建立 Schema 的命名空间。

A. name　　　　　　B. xmlns　　　　　　C. order　　　　　　C. type

5.（　　）属性指定元素必须出现的最高次数。

A. maxOccurs　　　　B. default　　　　　C. minOccurs　　　　D. type

二、填空题

1.＜ln:学生列表 xmlns:ln="http://www.lnmec.net.cn"＞中"学生列表"属于命名空间（　　）。

2. 在 Schema 中,定义十进制整型的类型使用关键字（　　　　）。

3. 在 Schema 中定义 DTD 中的"＋"效果来控制元素,应将（　　　）属性赋值为 1,将（　　）属性赋值为 unbounded。

4. 如果需要对元素内容进行限制,则应使用（　　　）标签对该元素进行定义。

5. 在 XML 文档中引入 Schema 文件的属性名称为（　　　　）。

6. 以下关于 XML Schema 根元素的命名空间前缀说法不正确的是（　　）。

A. 可以为 xs　　　　　　　　　　　　B. 可以为 xsd

C. 只能是 xs 或 xsd　　　　　　　　　D. 除 xs 或 xsd 外也可以自定义

7. 以下哪项不是 XML Schema 中的数据类型（　　）。

A. int　　　　　　　B. double　　　　　　C. string　　　　　　D. COATA

三、编程题

1. 定义学生列表元素,包含 1～n 个学生子元素,学生元素内容包含子元素:学号,字符串类型;姓名,字符串类型;年龄,十进制整型;出生日期,日期类型。

2. 请按以下 DTD 定义的内容创建一个与其功能相同的 Schema,其中考查成绩为枚举类型,取值从优、良、中、及格和不及格中选择,考试成绩为十进制整型,取值范围为 0～100。

```
＜!ELEMENT 学生列表（学生＋）＞
＜!ELEMENT 学生（姓名,联系电话,（父亲|母亲）?,考查成绩 *,考试成绩 *）＞
＜!ELEMENT 姓名（#PCDATA）＞
＜!ELEMENT 联系电话（#PCDATA）＞
＜!ELEMENT 父亲（姓名,联系电话）＞
＜!ELEMENT 母亲（姓名,联系电话）＞
```

第5章 层叠样式表CSS

本章学习要点

◇ 了解 CSS 的概念
◇ 掌握链接 XML 文档和 CSS 样式单
◇ 重点了解如何在 CSS 中选择 XML 中的元素
◇ 重点掌握 CSS 中的属性和属性值的设置
◇ 简单了解样式单的级联顺序

在前面的章节中已经介绍了 XML 主要是用来存放数据的,想让这些数据在网页中按照某种要求显示出来,就需要编写样式单文件。CSS 是出现比较早的样式单,虽然它不是为 XML 而创建的样式单,但是它能够与 XML 很好地结合,使 XML 中的数据以各种样式显示在网页上。

 XML 文档的内容在网页中会原封不动地显示出来,不仅会影响网页的美观,还会将一些敏感的数据显示出来。那么,该如何做呢?

5.1 CSS 的概念

级联样式单(Cascading Style Sheets,以下简称 CSS)是 1996 年作为把有关样式属性信息如字体和边框加到 HTML 文档中的标准方法而提出来的。CSS 与 XML 结合比与 HTML 结合更好。

级联样式单是一个纯文本文件,文件的后缀名为".css"。实际上,一个 CSS 样式单就是一组规则(rule),每个规则给出此规则所适用的元素的名称,以及此规则要应用于哪些元素的样式。但在为 XML 文档定义标记的时候需要使用英文,因为 CSS 引用的元素名称来自于 XML 文档,如果 XML 文档的标记使用中文的话,将不能正常按样式单样式显示。下面来看一个使用 CSS 样式单的 XML 文档的简单示例。XML 文档如例5-1(ch5-1. xml)所示,CSS 样式单如例 5-2(ch5-1. css)所示。

【例 5-1】

```
[1]    <?xml version="1.0" encoding="GB2312"?>
[2]    <?xml-stylesheet type="text/css" href="ch5-1.css"?>
[3]    <employees>
[4]     <employee>
[5]      <name>张晓迪</name>
[6]      <sex>女</sex>
[7]      <age>23</age>
[8]      <birthday>1990-2-23</birthday>
[9]     </employee>
[10]    <employee>
[11]     <name>王程</name>
[12]     <sex>男</sex>
[13]     <age> 32</age>
[14]     <birthday>1981-6-5</birthday>
[15]    </employee>
[16]    <employee>
[17]     <name>肖剑</name>
[18]     <sex>男</sex>
[19]     <age>25</age>
[20]     <birthday> 1988-6-15</birthday>
[21]    </employee>
[22]   </employees>
```

在上面的例子中，矩形框内的代码能够将 XML 文档与 CSS 文档链接起来，以 CSS 设置的显示效果来显示 XML 文档。其中"xml-stylesheet"是处理指令名，它有两个属性："type"属性指明与 XML 文档链接的样式单是什么，如果是 CSS，则属性值为"text/css"，如果是 XSL，则属性值为"text/xsl"；"href"属性指明样式单的路径。

【例 5-2】

```
[1]    employee{
[2]    display:block
[3]    }
[4]    name{
[5]    display:block;
[6]    font-size:16pt;
[7]    font-style:italic;
[8]    }
[9]    sex{
[10]   display:block
[11]   }
```

```
[12]  age{
[13]  display:block
[14]  }
[15]  birthday{
[16]  display:block;
[17]  margin-bottom:10px;
[18]  }
```

上面的 CSS 表示将标记 employee 的内容显示在一个块中；将标记 name 的内容显示在一个块中，字号大小是 16pt，斜体显示；将标记 sex、age 的内容各显示在相应的块中；将 birthday 的内容显示在一个块中，并且与紧随其后的下一个块相距 10px。应用上面样式单的 XML 文档显示如图 5-1 所示。

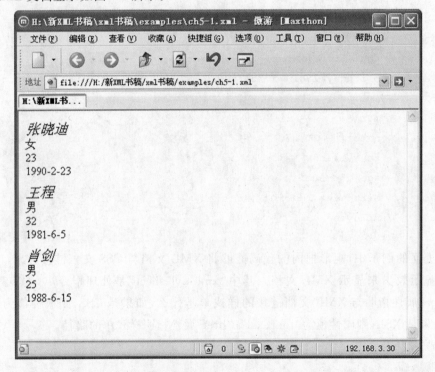

图 5-1   在浏览器中显示应用了 ch5-1.css 的 ch5-1.xml 文档

上图是在 Windows XP 系统下运行的结果，如果 XP 系统有自带的防火墙设置，正常情况下看不出上图的显示效果，若想使 CSS 能够正常显示，需要将 XP 系统自带的防火墙关闭，或设置允许 WWW 服务即可。关闭 XP 系统自带防火墙的步骤如下：

1. 单击"开始"按钮，选择"设置"的下一级菜单"控制面板"。

2. 打开"控制面板"窗口，选择"安全中心"选项。

3. 在"Windows 安全中心"窗口中的"管理安全设置"项目下，选择"Windows 防火墙"。

4. 在"Windows 防火墙"对话框下，选择"关闭"单选按钮之后，单击"确定"按钮即可。

通过上面的设置,CSS 的样式效果就能正常地显示在浏览器中了。

 在 CSS 中,如果想对不同的元素应用不同的样式,或者对几个不同的元素应用相同的样式应该怎么办呢?

5.2　CSS 样式

在样式单中,可以对多个元素应用相同的样式,也可以对一个元素应用多种样式,如块、列表、字体样式,设置颜色、背景、文本等属性。这些内容在本节中将一一进行介绍。

5.2.1　选择元素

在 CSS 样式单中,选择符是用来指定 CSS 规则适用于哪个元素的。最普通的选择符就是使用元素的名称,例如,下面规则中的"employee":

```
employee{display:block}
```

此外,选择符还可指定多个元素、带有特定的 CLASS 或 ID 特性的元素等。

1. 成组选择符

如果想把一组属性应用于多个元素,可以用逗号将选择符中的各个元素分开。例如,在例 5-2 中,sex 和 age 都是显示在块中,它们的属性一样。这时可以把这两个规则用如下方式组合起来:

```
sex,age{ display:block}
```

因此,ch5-1.css 也可以改写成如下的内容,运行结果不变。

```
[1]  employee {display:block}
[2]  name{display:block;font-size:16pt;font-style:italic;}
[3]  sex,age {display:block}
[4]  birthday {display:block; margin-bottom:10px;}
```

此外,一个元素也可定义多个规则。这样就可以将多个元素共有的属性合并成一个规则,然后再对各个元素的特有属性制定另外的规则。比如在例 5-2 中,每个元素都显示在块中,这时可以定义一个基本的块规则,用来选择所有元素,然后再对有特殊显示效果的元素制定自己的特有规则。因此,ch5-1.css 也可以改写成如下的内容,运行结果不变。

```
[1]  employee,name,sex,age,birthday {display:block}
[2]  name {font-size:16pt;font-style:italic;}
[3]  birthday{margin-bottom:10px;}
```

2. 伪元素

在 CSS 中主要有两种伪元素,它们指出文档中需要以独立的样式显示,但是却不能应用选择符进行独立选择的部分。这两种伪元素分别表示首行和首字母。

（1）特殊化首行

一个元素的首行常常被设置为与此元素文本的其他部分不同的样式。例如,可将文本首行以 200％的字号显示,这时就可以将“:first-line”选择符加到元素的名称上,以创建只适用于此元素第一行的规则。例如:

```
[1]   name:first-line {font-size:200%;}
```

伪元素到底选择了什么内容依赖于当前窗口的布局。如果窗口较大,第一行的单词也会较多,那么,以当前字体大小的 2 倍显示的字母也就较多。如果窗口变小,会造成文本不同程度的折行,就会使第一行的字母变得较少,那么折行到下一行中的单词就不再以当前字体大小的 2 倍显示了。因此,在文档实际显示出来之后,才能确定 first-line 伪元素包含哪些字母。下面通过例 5-3(ch5-2.xml)和例 5-4(ch5-2.css)来演示特殊化首行的用法。

【例 5-3】

```
[1]   <?xml version="1.0" encoding="GB2312"?>
[2]   <?xml-stylesheet type="text/css" href="ch5-2.css"?>
[3]   <employees>
[4]     <employee>
[5]       <name>张晓迪</name>
[6]       <sex>女</sex>
[7]       <birthday>1990-2-23</birthday>
[8]       <introduction>工作业绩是指员工的工作成果和效率。工作业绩就是对员工职务
[9]         行为的直接结果进行评价的过程。这个评价过程不仅可以说明各级员工的工作完
[10]        成情况,更重要的是通过这些评价推动员工有计划地改进工作,以达到组织发展的要
[11]        求。一般来说,可从数量、质量和效率等方面对员工业绩进行评价。</introduction>
[12]    </employee>
[13]    <employee>
[14]      <name>王程</name>
[15]      <sex>男</sex>
[16]      <birthday>1981-6-5</birthday>
[17]      <introduction>工作业绩是指员工的工作成果和效率。工作业绩就是对员工职
[18]        务行为的直接结果进行评价的过程。这个评价过程不仅可以说明各级员工的工作完
[19]        成情况,更重要的是通过这些评价推动员工有计划地改进工作,以达到组织发展的要
[20]        求。一般来说,可从数量、质量和效率等方面对员工业绩进行评价。</introduction>
[21]    </employee>
[22]    <employee>
[23]      <name>肖剑</name>
[24]      <sex>男</sex>
[25]      <birthday>1988-6-15</birthday>
```

```
[26]        <introduction>工作业绩是指员工的工作成果和效率。工作业绩就是对员工职
[27]        务行为的直接结果进行评价的过程。这个评价过程不仅可以说明各级员工的工作完
[28]        成情况,更重要的是通过这些评价推动员工有计划地改进工作,以达到组织发展的要
[29]        求。一般来说,可从数量、质量和效率等方面对员工业绩进行评价。</introduction>
[30]    </employee>
[31]  </employees>
```

【例 5-4】

```
[1]  employee,name,sex,birthday,introduction{display:block}
[2]  name{font-size:16pt;font-style:italic;}
[3]  introduction{margin-bottom:10px;}
[4]  introduction:first-line { font-size:200% ; }
```

应用上面样式单的 XML 文档显示如图 5-2 所示。

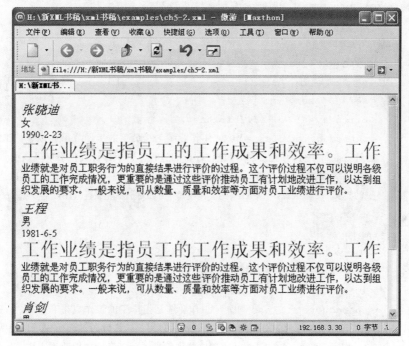

图 5-2　在 IE 中显示应用了 ch5-2.css 的 ch5-2.xml 文档

（2）特殊化首字母

如果希望一个元素的首字母的显示样式与这个元素的其他字母的显示样式不同,可使用特殊化首字母的方法。特殊化首字母时需要在特殊化的元素名后面加上“:first-letter”。比如,希望图 5-2 中职工介绍内容中的“工”字以正常文本字号大小的 2 倍显示,可使用如下的 CSS 代码。

```
[1]  employee,name,sex,birthday,introduction{display:block}
[2]  name{font-size:16pt;font-style:italic;}
[3]  introduction{margin-bottom:10px;}
[4]  introduction:first-letter { font-size:200%;}
```

在 CSS 中,如果想对同一个元素应用不同的样式,有几种方法可以实现,又是如何实现的呢?

3. 伪类

有时候,可能需要对 XML 文档中同一标记的两个元素设计不同的样式,这时就需要用到伪类。伪类的用法是首先修改 XML 文档,为 XML 文档中这个标记添加 CLASS 属性,然后根据属性值的不同确定不同的显示样式,选择伪类的使用格式如下:

元素名.CLASS 属性的属性值

下面通过例 5-5(ch5-3.xml)和例 5-6(ch5-3.css)来演示伪类的用法。

【例 5-5】

```
[1]    <?xml version="1.0" encoding="GB2312"?>
[2]    <?xml-stylesheet type="text/css" href="ch5-3.css"?>
[3]    <employees>
[4]      <employee>
[5]        <name>张晓迪</name>
[6]        <sex>女</sex>
[7]        <birthday>1990-2-23</birthday>
[8]        <introduction class="i">工作业绩是指员工的工作成果和效率。工作业绩就
[9]        是对员工职务行为的直接结果进行评价的过程。这个评价过程不仅可以说明各级员工
[10]       的工作完成情况,更重要的是通过这些评价推动员工有计划地改进工作,以达到组织发
[11]       展的要求。一般来说,可从数量、质量和效率等方面对员工业绩进行评价。</introduction>
[12]     </employee>
[13]     <employee>
[14]       <name>王程</name>
[15]       <sex>男</sex>
[16]       <birthday>1981-6-5</birthday>
[17]       <introduction class="b">工作业绩是指员工的工作成果和效率。工作业绩就
[18]       是对员工职务行为的直接结果进行评价的过程。这个评价过程不仅可以说明各级员工
[19]       的工作完成情况,更重要的是通过这些评价推动员工有计划地改进工作,以达到组织发
[20]       展的要求。一般来说,可从数量、质量和效率等方面对员工业绩进行评价。</introduction>
[21]     </employee>
[22]   </employees>
```

【例 5-6】

```
[1]  employee,name,sex,birthday,introduction{display:block}
[2]  name{font-size:16pt;}
[3]  introduction{margin-bottom:10px;}
[4]  introduction.i {font-style:italic;}
[5]  introduction.b {font-weight:bold;}
```

应用上面样式单的 XML 文档显示如图 5-3 所示。

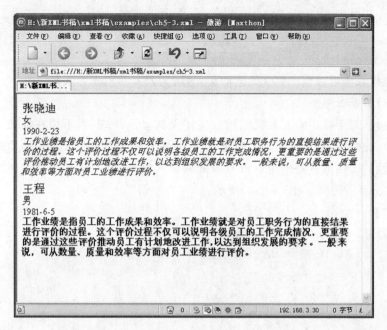

图 5-3　在浏览器中显示应用了 ch5-3.css 的 ch5-3.xml 文档

4. ID 属性

ID 属性的功能和伪类的功能相同,也能对 XML 文档中同一标记的两个元素设计不同的样式。在使用 ID 属性时,也需要修改 XML 文档,只不过它需要为 XML 文档中的这个标记添加 ID 属性,然后再根据属性值的不同确定不同的显示样式,选择 ID 属性的使用格式如下:

元素名# ID 属性的属性值

例如对 ch5-3.xml 文档的 introduction 标记添加属性 id="i"和 id="b",修改 CSS 文档内容如下:

```
[1]  employee,name,sex,birthday,introduction{display:block}
[2]  name{font-size:16pt;}
[3]  introduction{margin-bottom:10px;}
[4]  introduction# 1 {font-style:italic;}
[5]  introduction# 2 {font-weight:bold;}
```

将 XML 文档和 CSS 链接起来之后,在浏览器中运行,显示结果如图 5-3 所示。

此外,XML 允许同时为元素设置 CLASS 属性和 ID 属性,在 CSS 中,可以分别利用 CLASS 属性和 ID 属性来为元素指定不同的样式。但是在同时使用这两种属性遇到冲突的情况下,浏览器则会优先选择 ID 属性指定的格式。

5. 上下文选择符

有些时候,元素的父元素不同,这个元素的样式也不尽相同。这时可将父元素名称作为格式化元素名的前缀,达到想要的显示效果。

例如显示职工配偶的姓名时,如果职工配偶为"husband",则职工姓名用粗体显示,如果职工配偶为"wife",则职工姓名用斜体显示。下面的这段代码能够完成此功能。

```
[1]  husband name{font-weight:bold;}
[2]  wife name{font-style:italic;}
```

这种使用方法可以推广到父元素的父元素、父元素的祖先元素等。

6. STYLE 属性

有些时候,对于特定的元素我们想直接定义其显示样式,而不想在样式单中为此元素编写样式。这就需要使用 STYLE 属性,这个属性需要加到 XML 文档中的某个标记上,而该属性的属性值就是一组以分号隔开的样式属性。STYLE 属性的使用方法如例5-7(ch5-4.xml)和例 5-8(ch5-4.css)所示。

【例 5-7】

```
[1]   <?xml version="1.0" encoding="GB2312"?>
[2]   <?xml-stylesheet type="text/css" href="ch5-4.css"?>
[3]   <employees>
[4]    <employee>
[5]     <name>张晓迪</name>
[6]     <sex>女</sex>
[7]     <birthday>1990-2-23</birthday>
[8]     <introduction style="font-style:italic;"> 工作业绩是指员工的工作成果和效率。
[9]     工作业绩就是对员工职务行为的直接结果进行评价的过程。这个评价过程不仅可以
[10]    说明各级员工的工作完成情况,更重要的是通过这些评价推动员工有计划地改进工
[11]    作,以达到组织发展的要求。一般来说,可从数量、质量和效率等方面对员工业绩进
[12]    行评价。</introduction>
[13]   </employee>
[14]   <employee>
[15]    <name>王程</name>
[16]    <sex>男</sex>
[17]    <birthday>1981-6-5</birthday>
[18]    <introduction style="font-weight:bold; ">工作业绩是指员工的工作成果和效率。
[19]    工作业绩就是对员工职务行为的直接结果进行评价的过程。这个评价过程不仅可以
[20]    说明各级员工的工作完成情况,更重要的是通过这些评价推动员工有计划地改进工
[21]    作,以达到组织发展的要求。一般来说,可从数量、质量和效率等方面对员工业绩进
[22]    行评价。</introduction>
[23]   </employee>
[24]  </employees>
```

【例 5-8】

```
[1]  employee,name,sex,birthday,introduction{display:block}
[2]  name{font-size:16pt;}
[3]  introduction{margin-bottom:10px;}
```

应用上面样式单的 XML 文档在浏览器中的运行结果与图 5-3 相同。

如果 XML 中的所有元素都要求用一种字体显示,是否需要为所有元素设置字体呢? 有没有简便方法呢?

5.2.2　CSS 中的继承性

在 XML 文档中,元素是有上下级关系的,如果为每一个元素都添加需要显示的属性,那么有很多工作就是重复的,CSS 允许将对父元素显示样式的设置继承到子元素,这样父元素和子元素具有相同显示样式的时候就可以只在父元素中设置,而在子元素中不再重复设置。在 CSS 中能够继承的属性有字体属性、颜色属性等,大部分属性都是可以继承的。但要注意的是背景和边框属性是不能继承的。例如,考虑下面的代码(对应的 XML 为 ch5-4.xml):

```
[1]  employee,name,sex,birthday,introduction{display:block}
[2]  employee{font-size:10pt;}
[3]  name{font-size:16pt;}
[4]  sex{font-style:italic;}
[5]  introduction{margin-bottom:10px;}
```

上面的代码表示将标记 employee、name、sex、birthday 和 introduction 内容显示到块中,需要注意的是子元素不能省略,因为块属性不能继承。而这些标记内容的字号大小为 10pt,但是 name 标记的内容要以 16pt 显示,sex 标记的内容以字号 10pt、斜体显示,birthday 标记的内容以字号 10pt 显示,introduction 标记内容也以字号 10pt 显示,并且与紧随其后的块相距 10px。

在编写 CSS 的时候,有些内容需要修改,原来的内容还有可能会用到,不能删除,这时候怎么办呢?

5.2.3　在 CSS 样式单中添加注释

在 CSS 样式单中可以包含注释。CSS 中的注释与 C 语言中的注释一样,使用"/*"表示注释的开始,使用"*/"表示注释的结束。下面看一个含有注释的 CSS 的例子。

```
[1]  /* writen by name:yang ling */
[2]  employee,name,sex,birthday,introduction{display:block}
[3]  name{font-size:16pt;}
[4]  introduction{margin-bottom:10px;}
```

注释在计算机编程中经常用到,因为每个人都有自己的想法,所以有时自己书写的程序别人未必能够立即完全理解,如果在程序中有一定的注释,可以帮助他人很快地理解自己的程序。虽然 CSS 比较简单,很多时候可以不加注释,但是加上注释还是有好处的。希望读者能够养成为自己的程序书写注释的好习惯。

CSS 中的属性和属性值是成对出现的,属性值的类型一共有几种呢? 各是什么? CSS 中常用的属性都有什么?

5.2.4 CSS 中的属性和属性值

在 CSS 中选择符后面的大括号里面是一系列的属性和属性值对,各个属性对之间用分号隔开,而属性和属性值之间用冒号隔开。属性名称都是 CSS 的关键字,如 display、color、border-style、background-image 等,而属性值则是千变万化的,有些属性值是关键字,有些则是带有单位的数字,还有一些是 URL 地址、RGB 颜色。不同的属性,有不同的属性值类型,同一个属性的属性值类型也可以不同。一般来讲,属性值只能为下列四种类型的值:

(1)关键字

(2)长度

(3)颜色

(4)URL

下面对这四种类型的属性值分别进行介绍。

1. 关键字

关键字随属性而变,也就是说不同的属性,属性值的关键字也是不同的,常用的属性值的关键字有 none、italic、bold、red、solid 等,它们具有特定的意义,具体在讲解 CSS 中的属性时进行介绍,这里不再讲述。

2. 长度

在 CSS 中,有很多属性都是设定长度的,比如字符的宽度、高度、字号、页边距、边框线宽等。而这些属性的属性值可以使用下面三种方法设定长度。

(1)绝对单位

计算机中常用的绝对单位有英寸(in)、厘米(cm)、毫米(mm)、磅(pt)和十二点(pc)。这五种绝对单位的转换关系如表 5-1 所示。

表 5-1   常用绝对单位转换关系

英寸(in)	厘米(cm)	毫米(mm)	磅(pt)	十二点(pc)
1	2.54	25.4	72	6
0.3937	1	10	28.3464	4.7244
0.03937	0.1	1	2.83464	0.47244
0.01389	0.0352806	0.352806	1	0.83333
0.16667	0.4233	4.233	12	1

长度的大小以数值表示,其后紧跟着表示长度单位的缩写字母,即为表 5-1 中长度名

称后面括号内的英文字母。

此外,长度的大小可以为小数,而且有些属性允许为负值,但是为了使交叉浏览器具有最大的兼容性,应避免使用负值。

(2)相对单位

在 CSS 中允许使用三种相对单位,分别如下:

em:相对于当前对象内文本的字体尺寸。如当前对行内文本的字体尺寸未被人为设置,则相对于浏览器的默认字体尺寸。

ex:相对于字符"x"的高度。此高度通常为字体尺寸的一半。

px:表示 1 个像素的大小。

相对单位的使用方法如下所示:

```
[1]   introduction {display:block; font-size:20px;border-style: solid ;
[2]   border-right-width: 2.5em; border-left-width: 2.5em;
[3]   border-top-width: 1ex; border-bottom-width: 1ex;}
```

上述的规则表示设置 introduction 标记内容的字号大小为 20 个像素,并将这些内容显示到块中,边框线为实线,左右边框线的宽度为当前字体中字母 m 宽度的 2.5 倍,上下边框线高度为当前字体中字母 x 的高度。

需要注意的是,em 和 ex 的长度不是固定的,它与当前字体大小有关,字体越大,它们的长度也就越大。

(3)百分比

在 CSS 中也可以使用百分比的方法表示长度,一般来讲,它是指元素这个属性的当前值的百分比。百分比的使用方法如下所示:

```
[1]   employee{font-size:10pt;}
[2]   name{font-size:150% ;}
```

上面的代码表示标记 name 的内容以字号 15pt 显示,原因为根据 CSS 的继承性,标记 name 内容的当前字号为 10pt,而在 name 选择符中设置其字号大小为当前字号的 150%,因此标记 name 的内容将会以字号 15pt 显示。

3.颜色

CSS 能够被广泛采用的原因之一就是它能够将前景色和背景色应用于页面上的任何元素。常用的设置颜色的属性有 color、border-color 和 background-color。

在 CSS 中,颜色属性的取值可以有四种类型,分别为关键字、十六进制、十进制 RGB 和百分比 RGB。

(1)关键字

在为颜色属性赋值时,可以使用关键字的方法,这种方法很简单,常用的颜色有 16 种,它们对应的关键字如表 5-2 所示。

表 5-2　16 种常用颜色对应的关键字

颜色	关键字	颜色	关键字
白色	white	海蓝	navy
黑色	black	橄榄	olive
红色	red	紫红	fuchsia

（续表）

颜色	关键字	颜色	关键字
绿色	green	灰色	gray
蓝色	blue	银色	silver
紫色	purple	深青	teal
黄色	yellow	酸橙	lime
浅绿	aqua	栗色	maroon

（2）十六进制

使用这种方法为颜色赋值时，需要以"＃"开头，后面跟六位十六进制数，如"＃FF0000"代表红色，其中前两位表示红色（R）分量，中间两位表示绿色（G）分量，末两位表示蓝色（B）分量。

（3）十进制 RGB

这种方法相当于调用函数，函数名为 rgb，参数为三个十进制数，每个十进制数的取值范围为 0~255，第一个参数代表红色（R）分量，第二个参数代表绿色（G）分量，第三个参数代表蓝色（B）分量。例如 rgb(0,255,0)代表绿色。

（4）百分比 RGB

这种方法也相当于调用函数，函数名为 rgb，参数为三个百分数，值的范围是从 0％(0)到 100％(255)之间。其中第一个参数代表红色（R）分量，第二个参数代表绿色（G）分量，第三个参数代表蓝色（B）分量。例如 rgb(0％,0％,100％)代表蓝色。

表 5-3 中对比给出了几种常用颜色的十六进制表示、十进制 RGB 表示和百分比 RGB 表示。

表 5-3   几种常用颜色的三种表示方法

颜色	十六进制	十进制 RGB	百分比 RGB
红色	＃FF0000	rgb(255, 0, 0)	rgb(100％, 0％, 0％)
绿色	＃00FF00	rgb(0, 255, 0)	rgb(0％, 100％, 0％)
蓝色	＃0000FF	rgb(0, 0, 255)	rgb(0％, 0％, 100％)
黑色	＃000000	rgb(0, 0, 0)	rgb(0％, 0％, 0％)
白色	＃FFFFFF	rgb(255, 255, 255)	rgb(100％, 100％, 100％)
橙色	＃FFCC00	rgb(255, 204, 0)	rgb(100％, 80％, 0％)
浅紫	＃FFCCFF	rgb(255, 204, 255)	rgb(100％, 80％, 100％)
粉红	＃FFCCCC	rgb(255, 204, 204)	rgb(100％, 80％, 80％)
浅灰	＃999999	rgb(153, 153, 153)	rgb(60％, 60％, 60％)
褐色	＃996633	rgb(153, 102, 51)	rgb(60％, 40％, 20％)

此外，除了上面四种表示颜色的方法外，还可以使用三位十六进制表示法，这时能表示的颜色种类较少，CSS 在处理它的时候就是将每位十六进制数加以重复。如＃F3C 就表示＃FF33CC 的颜色。

4．URL

如果需要为某个元素添加背景图片，这时就需要使用 background-image 属性，而这个属性的属性值为一个 URL 类型，指明需要作为背景图片的地址。在为其赋值时也相当于调用函数,函数名为 url,函数的参数为一个字符串,指明文件的地址,不过这个字符串可以用双引号括起来,也可以不用,可以使用绝对地址,也可以使用相对地址。如下面的代码都是正确的。

```
[1]  introduction {display:block;
[2]  background-image:url(http://www.mysite.com/image/001.gif)}
[3]  introduction {display:block;
[4]  background-image:url("http://www.mysite.com/image/001.gif")}
[5]  introduction {display:block;
[6]  background-image:url(/image/001.gif)}
```

5.2.5　display 属性

display 属性用来设定元素的类型,它的取值使用关键字,可能的值有四种:block、inline、none 和 list-item。下面对这四种关键字分别进行介绍。

1. block

display 属性的缺省值是 block,表示此项出现在它自己的方框中,通常使用换行与下一元素分开。而现在大多数浏览器都使用 inline 作为缺省值。所以在不同的浏览器中,显示效果也可能不同。block 关键字在前面的例子中经常用到,所以这里不再举例。

2. inline

inline 的含义是内联元素,它表示将当前元素的内容显示在上一元素的后面。其具体使用方法如例 5-9(ch5-5.css)所示。

【例 5-9】

```
[1]  employee,introduction{display:block}
[2]  name,sex,birthday{display:inline}
[3]  name{font-size:16pt;}
[4]  introduction{margin-bottom:10px;}
```

以上代码表示将 employee 标记的内容显示到一个块中,标记 name、sex 和 birthday 的内容使用内联的显示方法,显示在一行内,标记 name 的内容使用字号 16pt 显示,标记 introduction 的内容显示到一个块中,并且与紧随其后的内容相距 10px 的距离。具体显示格式如图 5-4 所示,所使用的 XML 文档为 ch5-4.xml。

3. none

如果把某一个元素的 display 属性设置为 none,则这个元素在浏览器中不可见。当希望 XML 文档的某个元素的内容为不可见时,就可以使用这种方法。如下代码的显示格式与图 5-4 是一样的,只是不显示职工的性别。

```
[1]  employee,introduction{display:block}
[2]  name,birthday{display:inline}
[3]  sex{display:none}
[4]  name{font-size:16pt;}
[5]  introduction{margin-bottom:10px;}
```

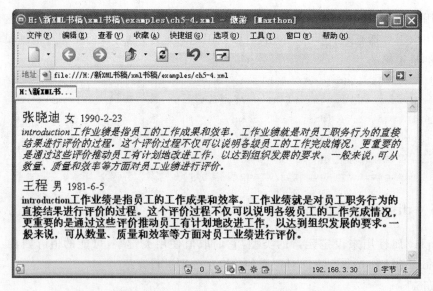

图 5-4　在浏览器中显示使用 ch5-5.css 格式化的 ch5-4.xml 文档

4. list-item

list-item 表示以列表显示元素的内容,当为 display 属性设置了这个值之后,还可以为列表的样式具体赋值,设置列表样式的常用属性有四种,分别为:

(1)list-style-type

list-style-type 属性用于确定每个列表项前面的项目符号的类型,其具体取值和含义如表 5-4 所示。默认值为 disc。

表 5-4　　　　　　　　　项目符号类型的取值和含义

取值	含义	取值	含义
disc	点号	lower-roman	小写罗马数字
square	实心方框	upper-roman	大写罗马数字
circle	圆	lower-alpha	小写英文字母
decimal	十进制	upper- alpha	大写英文字母
none	不指定符号		

(2)list-style-position

list-style-position 属性指定项目符号是出现在列表项文本之内还是之外。合法的取值也是关键字,可以为 inside(之内)或 outside(之外)。缺省值为 outside。如果设置为 outside,那么只有在文本折行之后才能看出区别。具体使用方法如例 5-10(ch5-6.css)所示。

(3)list-style-image

除了直接设置项目符号类型之外,我们还可以加载影像作为项目符号,这时需要设置 list-style-image 属性为影像的 URL。该属性的使用方法如例 5-10(ch5-6.css)所示。其使用的 XML 文档为 ch5-3.xml。

【例 5-10】

```
[1]    employee,introduction{display:block}
[2]    name,sex,birthday{display:inline}
[3]    name{font-size:16pt;}
[4]    introduction.i{margin-bottom:10px;margin-left:10px;
[5]    display:list-item;list-style-position:inside;
[6]    list-style-image:url(l1.gif);}
[7]    introduction.b{margin-bottom:10px;margin-left:10px;
[8]    display:list-item;list-style-position:outside;
[9]    list-style-image:url(l1.gif);}
```

上面的代码表示将标记 employee 的内容显示到块中,标记 name、sex 和 birthday 的内容使用内联的显示方法,显示在一行内,标记 name 的内容使用字号 16pt 显示,标记 introduction 的内容显示到一个块中,并且与紧随其后的内容相距 10px 的距离,左边距也为 10px,并且如果 XML 文档中这个元素的 class 属性值为 i,则以 inside 的方式显示图形项目符号,如果 class 属性值为 b,则以 outside 的方式显示图形项目符号。具体显示格式如图 5-5 所示,所使用的 XML 文档为 ch5-3.xml。

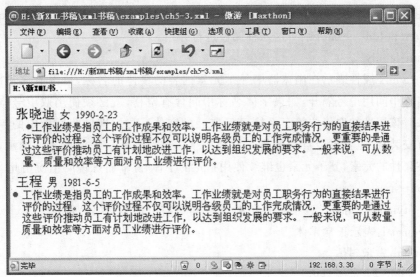

图 5-5　在浏览器中显示使用 ch5-6.css 格式化的 ch5-3.xml 文档

(4)list-style

list-style 属性是一种简写,它允许一次性设置上面的三种属性。例如下面的代码表示将标记 introduction 的内容以列表显示,列表符号为从外部加载的 gif 图片,该标记的内容与紧随其后的内容相距 10px 距离,左边距也为 10px。

```
[1]    introduction {margin-bottom:10px;margin-left:10px;
[2]    display:list-item;list-style:none outside url(l1.gif);}
```

5.2.6　white-space 属性

white-space 属性确定元素内部空白的重要性,这些空白包括空格符、制表符和换行符。该属性允许的值为关键字,主要有三种,分别为:

1. normal

该属性值为默认值,表示把一连串的空白压缩成一个空格,并且允许在单词中间折行,这样可以与屏幕或页面一致。

2. pre

pre 属性表示将文本的所有空白全部保留。

3. nowrap

该属性强调文本中的换行符号,但将一连串空白压缩成一个空白,这是在 normal 和 pre 两者中采取的一种折中的做法。但是 IE 5.0 及其以前的版本并不支持这一功能。

5.2.7　字体属性

常用的字体属性有六种,分别为 font-family、font-style、font-weight、font-size、font-variant和 font,下面分别对这六种属性进行介绍。

1. font-family

font-family 属性表示在浏览器中显示元素内容的字体的名称,可以有多种字体,各个字体名称中间用逗号隔开,如果字体名称中间含有空格,就必须使用双引号将字体名称括起来。该属性的取值依赖于系统已经安装的字体,不过,即使我们指定的字体在系统中没有安装,浏览器也会自动选择一种通用字体进行显示。该属性允许继承,也就是说设定该属性的元素,其子元素也继续使用指定的字体,除非特殊说明不使用此字体。

2. font-style

font-style 属性用来设置字体的样式,其值可以有三种类型,分别为:

(1)normal:表示正常字体。

(2)italic:表示斜体。

(3)oblique:表示倾斜体。

下面的代码表示将标记 introduction 的内容以倾斜体显示:

```
[1]  introduction {font-style: oblique;}
```

3. font-weight

font-weight 属性决定文本内容的粗细,此属性值可以为关键字,也可以为数值,其参数值可以有以下几种情况:

(1)normal:表示使用标准字体,为该属性的默认值。

(2)bold:表示使用标准的黑体文本。

(3)bolder:表示使用比标准黑体还要深的颜色显示文字(为相对参数)。

(4)lighter:表示使用比标准黑体稍浅的颜色显示文字(为相对参数)。

(5)100～900 的整百整数：其中 100 最亮；400 属于正常的值，相当于 normal；700 表示标准黑体，相当于 bold；900 颜色最深，相当于 bolder；其他数字表示介于关键字之间的黑度。

4. font-size

font-size 属性表示字号的大小，此属性值可以为关键字，也可以为数值，还可以是百分数，其参数值可以有以下几种情况：

(1)整数＋"pt"：表示使用指定的像素大小显示字体。

(2)百分数：表示当前字体使用其父元素字体大小的百分比显示。此属性的使用方法见例 5-11(ch5-7.css)所示。

【例 5-11】

```
[1]   employee,name,sex,birthday,introduction{display:block}
[2]   employee{font-size:12pt;}
[3]   name{font-size:150% ;}
[4]   introduction{margin-bottom:10px;}
```

上例为将表示 employee、name、sex、birthday 和 introduction 的内容显示到块中，表示 employee 的内容以 12pt 的字号显示，标记 name 的内容以其父元素 employee 字体大小 12pt 的 150％显示，也就是 18pt。其余元素由于继承的关系，都使用字号 12pt 显示。使用上例的 XML 文档 ch5-3.xml 在浏览器中的运行结果如图 5-6 所示。

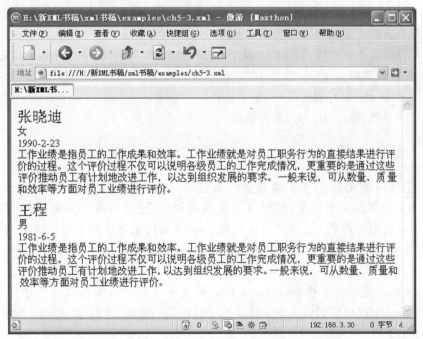

图 5-6　在浏览器中显示使用 ch5-7.css 格式化的 ch5-3.xml 文档

(3)medium：表示使用标准字号显示，此字号与浏览器有关，一般来讲，浏览器的标准字号大小为 12pt。也就是说如果将属性 font-size 的值设置为 medium，就相当于将其设置为 12pt。

(4)small：表示使用为标准字号 $\frac{2}{3}$ 大小的字号显示文字，也就是说，如果浏览器的标准字号大小为 12pt，那么 small 就表示字号大小为 8pt。

(5)x-small：表示使用为 small 字号 $\frac{2}{3}$ 大小的字号显示文字。

(6)xx-small：表示使用为 x-small 字号 $\frac{2}{3}$ 大小的字号显示文字。

(7)large：表示使用为标准字号 1.5 倍的字号显示文字，也就是说，如果浏览器的标准字号大小为 12pt，那么 large 就表示字号大小为 18pt。

(8)x-large：表示使用为 large 字号 1.5 倍的字号显示文字。

(9)xx-large：表示使用为 x-large 字号 1.5 倍的字号显示文字。

5. font-variant

font-variant 属性用来指定英文字体在打印时的大小变化，属性值为关键字，其参数值可以有以下两种情况：

(1)normal：表示在打印中，大写字母没有变化，该属性值为默认值。

(2)small-caps：表示在打印时，字体中所有大写字母的打印效果都要比通常的大写字母字形要小一些。

6. font

font 属性允许使用一条规则来设置以上几种字体属性，各个属性值之间用空格隔开，并且各个属性值必须按下列顺序给出：

(1)以任何顺序给出样式(font-style)、变体(variant)和粗细(font-weight)，它们中的任何一个都可以忽略。

(2)字号(font-size)，不可忽略。

(3)字体系列(font-family)，不可忽略。

5.2.8 颜色属性

网页上的任何元素基本上都有颜色属性，可以在 CSS 中进行定义，属性名称为 color，属性的值可以为关键字，也可以为十六进制数，还可以是十进制 RGB 和百分比 RGB，这些在前面的章节中已经进行了介绍。color 属性是可以被子属性继承的，因此当我们需要将一个元素及其子元素的所有内容都以红色字体显示时，就可以这样写：

父元素名{color:red;}

例如下面的代码表示将 employees 标记及其子元素的内容都以红色字体显示，而 introduction 标记的内容则以蓝色字体显示。程序代码如例 5-12(ch5-8.css)所示。

【例 5-12】

```
[1]  employees{color:red;}
[2]  employee,name,sex,birthday,introduction {display:block}
[3]  introduction {color:blue;white-space:pre;font-family:幼圆,Times,"Times
[4]  New Roman";}
```

上面的程序代码与 ch5-3.xml 链接之后显示的结果如图 5-7 所示。

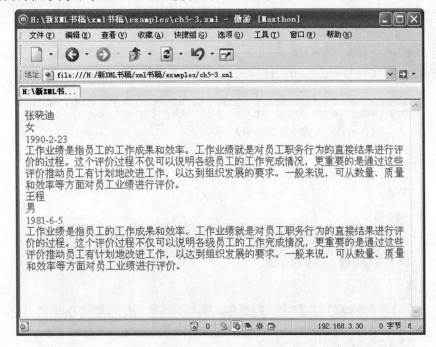

图 5-7　在浏览器中显示使用 ch5-8.css 格式化的 ch5-3.xml 文档

5.2.9　背景属性

一般网页很少有白色的背景,这是因为人们为了网页的美观而对背景进行了设置。对网页的背景进行设置时,可以将其设置成一种颜色或是一幅图片,不同的元素可以设置不同的颜色和不同的背景图片。需要注意的是,网页背景属性不能继承,但是网页背景的缺省值是透明的,所以父元素与子元素使用相同的背景时,只需要设置父元素的背景即可,这样就会透到子元素中来。对网页的背景进行设置时常用的属性有:background-color、 background-image、 background-repeat、 background-attachment、background-position 和 background 六个,下面分别进行介绍。

1. background-color

background-color 属性设置元素的背景颜色,设置方法与 color 属性的设置方法一样,例如下面的程序代码将 employees 标记内容的背景设置成"＃99FF99"颜色,因为其他元素的默认背景为透明,这样看起来就好像是所有元素的背景色都是这个颜色。

```
[1]  employees{color:red;background-color:# 99FF99;}
[2]  employee,name,sex,birthday,introduction {display:block}
[3]  introduction {color:blue;white-space:pre;font-family:幼圆,Times,"Times New Roman";}
```

2. background-image

background-image 属性用来设置元素的背景图片,它的取值可以为 none(缺省值),表示没有背景图片,也可以为一个 URL,指明背景图片的路径。该属性的使用方法如例 5-13(ch5-9.css)所示。

【例 5-13】

```
[1]    employees{background-image:url(bg1.jpg);}
[2]    employee,name,sex,birthday,introduction {display:block}
[3]    introduction {white-space:pre;font-family: 幼圆,Times, "Times New Roman";}
```

上面的程序代码与 ch5-3.xml 链接之后显示结果如图 5-8 所示。

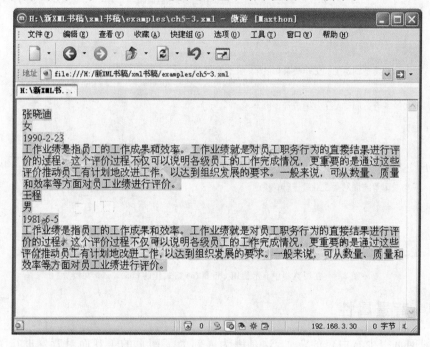

图 5-8   在浏览器中显示使用 ch5-9.css 格式化的 ch5-3.xml 文档

3. background-repeat

background-repeat 属性指明背景图片在屏幕上的平铺效果,其取值为关键字,有以下四种取值:

(1)repeat:在水平和垂直方向上平铺,此属性值为默认值。

(2)repeat-x:只在水平方向上平铺。

(3)repeat-y:只在垂直方向上平铺。

(4)no-repeat:不平铺。

4. background-attachment

background-attachment 属性指定背景是附加于文档上还是窗格上。如果设置成背景图片附加于文档上,则滚动文档时,背景图片也随之滚动,如果设置成背景图片附加于窗格上,则当滚动文档时,背景图片不随之滚动。其属性取值为关键字,分别可以取 scroll 和 fixed。缺省值为 scroll,也就是说,当我们滚动文档时,背景图片也随之滚动。

5. background-position

background-position 属性指明背景图片相对于与它链接的元素的位置,在缺省条件下,背景图片的左上角与和它链接的元素的左上角对齐。其取值可以使用父元素的关键字、宽和高的百分数、绝对长度来指定偏移量。

（1）使用关键字

使用关键字的属性值有六个，其中 top、center、bottom 表示上、中、下对齐，为垂直方向的位置，left、center、right 表示左、中、右对齐，为水平方向的位置。background-position 属性值可以从垂直方向的位置中选出一个，再从水平方向的位置中选出一个，组成一组，用来控制背景图片的相对位置。顺序可以颠倒，两个关键字中间用空格隔开。如果只选出一个关键字，那么不管选出什么关键字，另一个都默认为 center。

（2）使用百分数

使用百分数也可以设置背景图片与元素的位置关系，属性值是一组两个百分数，中间用空格隔开。其中第一个百分数表示 x 坐标，取值范围从 0%（左侧）到 100%（右侧）变化，第二个百分数表示 y 坐标，取值范围从 0%（顶端）到 100%（底部）变化。如果只写一个百分数，相当于第二个百分数为 50%。

（3）使用绝对长度

绝对长度决定背景图片距元素左上角的位置。其属性值是一组两个绝对长度数值，中间用空格隔开。其中第一个绝对长度表示背景图片距元素左端的距离，第二个绝对长度表示背景图片距元素顶端的距离。如果只写一个长度，第二个值相当于关键字 center。

使用上面三种方法设置背景图片的相对位置如图 5-9 所示。

top left left top 0%0% 0 0	top center top top center 50%0%	right top top right 100%0%
left center left left center 0%50%	center center center 50% 50%50%	right right center center right 100%50%
left bottom bottom left 0%100%	bottom center bottom bottom center 50%100%	right bottom bottom right 100%100%

图 5-9　背景图片的相对位置

6. background

background 属性是在一条规则中设置以上五种属性的简略方法。可以在这条规则中给出上述五种属性的取值，也可以给出部分属性的取值，对属性的顺序也没有任何要求。

```
[1]  introduction {background-image:url(bg1.jpg);
[2]  background-position:50% 0%;
[3]  background-repeat:no-repeat;}
```

上面的代码可以写成如下形式：

```
[1]  introduction {background:url(bg1.jpg) 50% 0 no-repeat;}
```

5.2.10　文本属性

如果不考虑字体的话，影响文本外观的属性主要有 text 属性组、设置字符垂直对齐方式、设置文本行高、设置单词间空白和设置字符间空白。

1. text 属性组

text 属性组通常用于设定文本的显示效果,可以设置文本的水平对齐方式、大小写转换、首行缩进参数和使用特殊效果强调文本。

(1)text-align:用于设置文本的水平对齐方式,其常用的属性值可以为:

center:设置文本居中对齐。

left:设置文本左对齐。

right:设置文本右对齐。

justify:设置文本两端对齐。

例如下面的代码表示将 name 标记的内容设置为左对齐显示,sex 标记的内容设置为居中对齐显示,birthday 标记的内容设置为右对齐显示。

```
[1]  name{text-align:left;}
[2]  sex{text-align:center;}
[3]  birthday{text-align:right;}
```

(2)text-transform:用于设置文本的大小写转换,其常用的属性值可以为:

none:表示不进行大小写转换,使用原来 XML 文档的文本显示,该属性值为默认值。

capitalize:表示将 XML 文档中所选文本的英文单词全变为首字母大写。

uppercase:表示将 XML 文档中所选文本的英文单词全变为大写。

lowercase:表示将 XML 文档中所选文本的英文单词全变为小写。

(3)text-indent:用于设置所选段落的首行缩进量。其常用属性值为:

整数+"pt":直接指定缩进量。

百分数:表示相对于父元素缩进量设置的百分比值。

(4)text-decoration:用于设置文本的强调方式。其常用属性值为:

none:表示文本无修饰效果,该属性值为默认值。

underline:表示使用下划线修饰文本。

line-through:表示使用中划线修饰文本。

overline:表示使用上划线修饰文本。

blink:表示使用闪烁效果修饰文本。

2. 设置字符垂直对齐方式

vertical-align 属性用来设置字符的垂直对齐方式,其常用的属性值为:

(1)baseline:表示该元素的基线与父元素的基线对齐,该属性值为默认值。

(2)sub:表示以下标形式显示文本,一般指定该元素相对于父元素的百分比。

(3)super:表示以上标形式显示文本,一般指定该元素相对于父元素的百分比。

(4)top:表示该元素的顶端与父元素最高字符的顶端对齐。

（5）text-top：表示该元素的顶端与父元素字符高度的顶端对齐。

（6）middle：表示该元素的垂直中心与父元素字符高度的一半对齐。

（7）bottom：表示该元素的底部与父元素最低字符的底部对齐。

（8）text-bottom：表示该元素的底部与父元素字符高度的底部对齐。

例如下面的代码将 sex 标记的内容设置为下标。

```
[1]  sex{ vertical-align: sub; font-size: 60% ;}
```

3. 设置文本行高

line-height 属性用于设置文本的行高，属性值可以使用绝对长度，也可以使用百分数。

（1）绝对长度：可以使用整数＋单位。单位参见表 5-1。如下面的代码将 name 标记内容的文本设置为行高 20pt。

```
[1]  name{line-height:20pt;}
```

（2）百分数：使用百分数可将其设置为父元素行高的百分比。例如，下面的代码将 name 标记内容的文本设置为 2 倍行距。

```
[1]  name{line-height:200%;}
```

4. 设置单词间空白

word-spacing 属性用来设置单词之间的空白大小，属性值为绝对长度，该属性对西文字符有效，而对汉字不起作用。如果属性值为负值将会取消单词间的空白。例如下面的代码将 introduction 标记内容单词间的空白设置为 1cm。

```
[1]  introduction{word-spacing:1cm;}
```

5. 设置字符间空白

letter-spacing 属性用来设置字符间的空白大小，该属性对中西文都起作用，属性值为绝对长度。如果属性值为负值将会造成字符的重叠，所以一般不会将这个值设置为负值。

下面来看一个设置文本效果的例子，程序代码如例 5-14（ch5-10.css）所示。

【例 5-14】

```
[1]  employees{background-image:url(bg1.jpg);}
[2]  employee,name,sex,birthday,introduction {display:block}
[3]  introduction {white-space:pre;font-family: 幼圆,Times, "Times New Roman";text-
[4]  decoration:underline; word-spacing:1cm;letter-spacing:6pt;}
[5]  name{line-height:200%;}
```

上面的例子在例 5-13 的基础上设置了 name 标记内容的文本行高为 2 倍行距，introduction 标记内容的文本以下划线的效果显示，单词间的间距为 1cm，字符间的间距为 6pt。使用这个例子的 ch5-3.xml 在浏览器中的显示效果如图 5-10 所示。

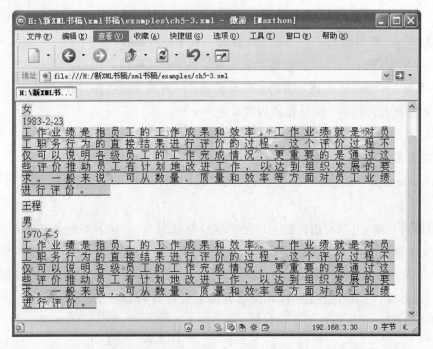

图 5-10   在浏览器中显示使用 ch5-10.css 格式化的 ch5-3.xml 文档

5.2.11   框属性

在 CSS 中,将整个网页看作一个矩形的画布,而 CSS 所引用的 XML 文档中的内容将被包围在虚构的矩形中,这些矩形称为框。使用框属性允许设置单个框的页边距、边框线的样式、贴边和边框大小等属性。图 5-11 显示了这些属性之间的关系。

图 5-11   页边距、边框线、贴边和元素内容之间的关系

1.页边距属性

设置页边距的属性有 margin-top、margin-bottom、margin-left、margin-right 和 margin 五个属性,这些属性的属性值都为绝对长度类型,下面分别介绍这五种属性。

(1)margin-top:设置上边距的大小。

(2)margin-bottom:设置下边距的大小。

(3)margin-left:设置左边距的大小。

(4)margin-right 设置右边距的大小。

(5)margin:同时设置上下左右四个页边距的大小,其属性值可以为一个绝对长度,表示上下左右四个页边距的大小都为这个值;也可以为两个绝对长度,表示上下页边距为第一个绝对长度的值,左右页边距为第二个绝对长度的值,这两个长度值之间用空格隔开;还可以为三个绝对长度,表示上边距为第一个绝对长度的值,左右边距为第二个绝对长度的值,下边距为第三个绝对长度的值;此外,这个属性值还可以为四个绝对长度,表示上边距为第一个绝对长度的值,右边距为第二个绝对长度的值,下边距为第三个绝对长度的值,左边距为第四个绝对长度的值。

2.边框线属性

在默认的情况下,我们是看不到这个框的,但是可以设置边框线属性,使其显现出来,这样网页的布局看起来会更好一些。在 CSS 中允许设置边框线的样式、宽度和颜色,下面分别进行介绍。

(1)边框线样式

设置边框线样式的属性有 border-style、border-top-style、border-bottom-style、border-left-style 和 border-right-style 五个属性,默认情况下,这些属性的值为 none,即没有边框线。除了这个关键字之外,还可以设置这五个属性为其他的关键字,如:hidden、dotted、dashed、solid、double、groove、ridge、inset 和 outset。下面分别对这五种属性进行介绍。

①border-top-style:设置上边框线的样式。

②border-bottom-style:设置下边框线的样式。

③border-left-style:设置左边框线的样式。

④border-right-style:设置右边框线的样式。

⑤border-style:同时设置上下左右四个边框线的样式。其属性值可以为一个关键字,表示上下左右四个边框线的样式;也可以为两个关键字,表示上下边框线的样式为第一个关键字的样式,左右边框线的样式为第二个关键字的样式;还可以为三个关键字,表示上边框线的样式为第一个关键字的样式,左右边框线的样式为第二个关键字的样式,下边框线的样式为第三个关键字的样式;此外,这个属性值还可以为四个关键字,表示上边框线的样式为第一个关键字的样式,右边框线的样式为第二个关键字的样式,下边框线的样式为第三个关键字的样式,左边框线的样式为第四个关键字的样式。当属性值为多个值时,各个值之间用空格隔开。

(2)边框线宽度

设置边框线宽度的属性有 border-width、border-top-width、border-bottom-width、 border-left-width 和 border-right-width 五个属性。该属性的属性值可以为关键字,如 thin、medium、thick,还可以为绝对长度,这个长度可以为 0,但是不能为负值。下面分别对这五种属性进行介绍。

①border-top-width:设置上边框线的宽度。

②border-bottom-width:设置下边框线的宽度。

③border-left-width:设置左边框线的宽度。

④border-right-width:设置右边框线的宽度。

⑤border-width:同时设置上下左右四个边框线的宽度。其属性值的应用规则与边框线样式中 border-style 的设置一样,在此不再重复。

（3）边框线颜色

设置边框线颜色的属性有 border-color、border-top-color、border-bottom-color、border-left-color 和 border-right-color 五个属性。该属性的属性值的设置方法与前面所讲的颜色属性的设置方法相同。下面分别对这五种属性进行介绍。

①border-top-color:设置上边框线的颜色。

②border-bottom-color:设置下边框线的颜色。

③border-left-color:设置左边框线的颜色。

④border-right-color:设置右边框线的颜色。

⑤border-color:同时设置上下左右四个边框线的颜色。其属性值的应用规则与边框线样式中 border-style 的设置一样,在此不再重复。

（4）边框线简略设置

除了使用以上的方法设置边框线的样式、宽度和颜色外,还可以使用简略属性同时设置这几个属性,边框线简略设置属性有 border(同时设置上下左右四条边框线)、border-top(设置上边框线)、border-bottom(设置下边框线)、border-left(设置左边框线)和 border-right(设置右边框线)五个属性。这五个属性的设置方法相同,都是从边框宽度、样式和颜色中各取一个值,按顺序给出,各个值之间用空格隔开。例如下面的代码将 employee 框的宽度设为 2pt,样式为实线,颜色为红色。

```
[1]    employee{border:2pt solid red;}
```

3. 贴边属性

贴边属性用于设置元素边框与内容之间的间距,设置贴边的属性有 padding、padding-top、padding-bottom、padding-left 和 padding-right 五个属性。该属性的属性值可以使用绝对长度,也可以使用百分数的方法来表示该元素的贴边与其父元素贴边的百分比。下面分别对这五种属性进行介绍。

①padding-top:设置上贴边的大小。

②padding-bottom:设置下贴边的大小。

③padding-left:设置左贴边的大小。

④padding-right:设置右贴边的大小。

⑤padding:同时设置上下左右四个贴边的大小。其属性值的应用规则与边框线样式中的 border-style 的设置一样,在此不再讲述。

下面来看一个使用边框的例子，程序代码如例 5-15(ch5-11.css)所示。

【例 5-15】

```
[1]  employee{background-image:url(bg1.jpg);margin:0.5cm;border-style:dashed;padding:
[2]  1cm 2cm;}
[3]  employee,name,sex,birthday,introduction {display:block}
[4]  introduction {white-space:pre;font-family: 幼圆,Times, "Times New Roman";text-
[5]  decoration:underline;}
```

上例的代码表示将整个 employee 标记的内容放到一个矩形框中，这个框的上下左右边距为 0.5cm，边框线的样式为虚线，元素内容与边框线的上下贴边为 1cm，左右贴边为 2cm，与上面代码链接的 ch5-3.xml 在浏览器中显示结果如图 5-12 所示。

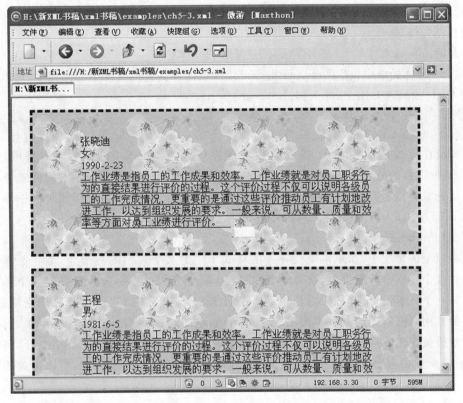

图 5-12　在浏览器中显示使用 ch5-11.css 格式化的 ch5-3.xml 文档

4. 边框大小属性

通过前面的学习我们可以看到，这个矩形框是平行于网页边框的，这个框的宽度和高度随着网页水平宽度的大小而变化，当网页水平宽度较小时，这个框的宽度也随着变小，元素内容一行显示不下时，就会折行，这样框的高度就会变大；网页的水平宽度较大时就正好相反。设置边框大小的属性为：

(1)width：设置框的宽度。

(2)height：设置框的高度。

这两个属性的取值可以为关键字(auto)，这个值为默认值，也可以为绝对长度，还可以为百分数，用来表示该元素框的宽度和高度与其父元素的百分比关系。

很多人在编写 CSS 的时候,同一个元素同一个属性可能进行了多次设置,那么在显示的时候到底以哪一个为准,规则是什么呢?

5.2.12 级联过程

有些时候,一个样式单并不能全部表示出设计者的要求,就需要将多个样式单与一个文档相链接,这时就有可能出现多个样式单对一个元素进行设置,那么这个元素在显示时到底应用哪个规则呢? 于是,确定以何种顺序应用这些规则就显得非常重要了,这个过程称为级联。

1. @import 指令

在 CSS 样式单中包括@import 指令可以加载保存到其他文件中的样式单,可以使用绝对 URL 或相对 URL 来导入样式单。如:

```
[1]   @import url(d:/xml/ch4-1.css);
[2]   @import url(ch4-3.css);
```

需要注意的是,@import 指令必须出现在样式单的开头,并且在任何规则之前。URL 地址之后的分号不能省略,否则将不能正确地导入样式单。被导入的样式单中规则的优先级要低于原样式单中的规则,禁止循环导入样式单,比如在样式单 a 中导入样式单 b,而在样式单 b 中又导入样式单 a,这样是不允许的。

2. ! important 声明

在以上的情况中,如果希望被导入的样式单中的某个规则不被覆盖,而在原样式单中也对这个规则进行了设置,就会发生冲突,达不到想要的效果;或者是在同一个样式单中对同一个元素设置了两遍,而希望第一遍设置的规则不被第二遍设置的规则覆盖,怎么办呢? 用以前所学的方法解决不了这个问题,这时可以使用! important 声明,用来设置不希望被覆盖的规则,这个声明用在属性值的后面,与属性值之间用空格隔开,例如设置 name 标记的内容以红色字体显示,不允许覆盖,而字号大小为 12pt,可以覆盖的代码如下:

```
[1]   name{font-color:red ! important;font-size:12pt;}
```

3. 级联顺序

在 CSS 中允许多条规则作用于同一个元素,这时浏览器到底将哪一个规则作用于这个元素呢? 这就需要掌握样式单的级联顺序。样式单级联顺序的优先级如下:

(1)作者置标为重要的规则。

(2)读者置标为重要的规则。

(3)引用其他样式单的 CSS 规则比被引用的 CSS 中的规则优先。

(4)最专门的规则优先。如同时使用 ID 和 CLASS 属性,则优先选用 ID 属性指定的规则。

(5)作者未置标为重要的规则。

（6）读者未置标为重要的规则。

（7）若子元素中没有可用的规则，则自动继承父元素的规则。

5.3　本章总结

在学习了 XML 的基本语法之后，就能够建立一个合法的 XML 文档，而学习了文档类型定义和模式定义之后，就能够建立一个有效的 XML 文档，但是这样的 XML 文档都是将文档的内容原封不动地显示到网页上，并不能根据指定的样式显示。因此本章重点介绍了 CSS 的使用方法，首先对 CSS 的概念进行了介绍。接下来介绍了在 CSS 中引用 XML 文档元素的方法，并了解了如何将 XML 文档与 CSS 文档链接起来。

在 CSS 中并不需要将所有元素的所有样式都一一设置，有些规则是可以继承下来的，这样就了解了 CSS 中的继承性。一个良好的编程习惯就是要在自己编写的程序代码中添加注释，CSS 也允许这样做。

在这一章中，重点介绍了 CSS 中的 display 属性、white-space 属性、字体属性、颜色属性、背景属性、文本属性和框属性的设置方法，掌握了这些内容，就可以更灵活地将 XML 文档的内容以各种格式显示到网页中。

最后，本章还介绍了如何将另一个样式单导入到当前的样式单中，以及当一个元素对应多个样式规则时，应优先选择哪一个规则进行显示。

5.4　习　题

一、选择题

1.如果想把一组属性应用于多个元素，可以用（　　）将选择符中的各个元素分开。

A. ：号　　　　　　B. ，号　　　　　　C. ＊号　　　　　　D. ；号

2.如果需要使用伪元素，需要在所选择的元素后面加上（　　），然后写上伪元素的关键字。

A. ：号　　　　　　B. ，号　　　　　　C. ＊号　　　　　　D. ；号

3.在 CSS 中不能继承的属性有（　　）。

A. 字体　　　　　　B. 颜色　　　　　　C.边框　　　　　　D. 文本

4.（　　）不是长度的表示方法。

A. 绝对长度　　　　B. 相对长度　　　　C. 函数　　　　　　D. 百分比

5.如果希望隐藏元素，应将 display 属性设置为（　　）。

A. none　　　　　　B. inline　　　　　　C. block　　　　　　D. list-item

6.在 CSS 语言中，下列哪一项是上页边距的语法（　　）。

A. margin-top　　　B. padding-top　　　C. border-top　　　D. margin-left

7.怎样给所有的＜name＞标签添加背景颜色？（　　）

A. . name｛background-color ：＃FFFFFF｝

B. ＃name ｛background-color ：＃ FFFFFF｝

C. name. all ｛background-color ：＃ FFFFFF｝

D. name ｛background-color ：＃ FFFFFF｝

二、填空题

1. CSS 中（　　）表示注释的开始，（　　）表示注释的结束。

2. CSS 中 purple 表示（　　）色。

3. CSS 中 rgb(0％，100％，0％)表示（　　）色。

4. 如果希望把影像作为项目符号，则应设置（　　　　）属性。

5. 如果 margin-top 的属性值为 4 个绝对长度，那么这 4 个值分别按顺序设置（　　）、（　　）、（　　）和（　　）页边距。

三、编程题

1. 编写 CSS，将 ch5-1.xml 的内容按图 5-13 显示出来。

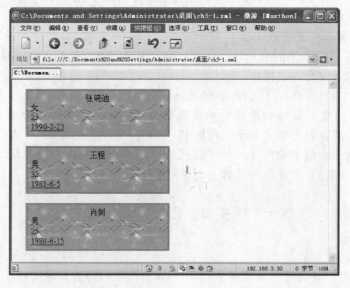

图 5-13　显示效果 1

2. 编写 CSS，将 ch5-1.xml 的内容按图 5-14 显示出来。

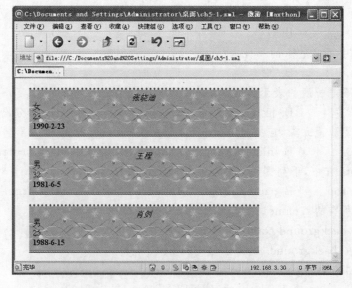

图 5-14　显示效果 2

第6章　可扩展样式语言XSL

本章学习要点

◇ 学习把 XSL 链接到 XML 文档的方法

◇ 掌握模板的定义和应用

◇ 理解如何访问单个结点和多个结点

◇ 熟练掌握结点的选择方式

◇ 学会使用函数选择结点

◇ 熟练掌握如何对输出结果进行排序

◇ 学习 XSL 中的运算符和表达式

◇ 掌握如何选择输出结点

 使用 CSS 格式化 XML 文档可能达不到用户的要求,如显示 XML 文档中的图片或对 XML 的数据进行排序等,那么有没有更好的方法格式化 XML 文档呢?

在上一章中,主要介绍了 CSS 的使用方法和技巧。但是,CSS 只能处理简单的、顺序固定的 XML 文档,对于复杂的、高度结构化的 XML 文档,它就无能为力了。为了解决传统的 CSS 对复杂 XML 文档难以入手的难题,W3C 组织推出了 XSL。XSL 是可扩展样式语言,其本身也是一个结构完整的 XML 文档。

XSL 规范可以分为两大部分:XSL 转换和 XSL 格式化对象。XSL 转换部分主要负责将 XML 源代码转换成为其他的格式,而 XSL 格式化对象部分则提供了大量的格式化命令,可用来配合屏幕显示和打印要求,精确地设定外观。这两部分采用不同的命名空间。第一部分,即 XSLT,采用"xsl"的命名空间;第二部分,即 FO,采用"fo"的命名空间。其中 FO 部分不作为重点讲解内容,有兴趣的读者可以参看相关书籍。

本章将通过实例,介绍如何使用 XSL 从 XML 文档中提出数据,并显示在浏览器中。

6.1   XSL 入门

6.1.1   链接 XSL 到 XML 的基本步骤

 既然可以使用 XSL 格式化 XML 文档,那么如何将这两个文件链接起来呢?

要使用 XSL 格式化 XML 文档,需要按照如下步骤进行:

(1)创建保存数据的 XML 文档。在这里创建一个 XML 文档,本章所有的 XSL 都是基于这个 XML 文档的。程序代码如例 6-1(ch6-1.xml)所示。

【例 6-1】

```
[1]    <?xml version="1.0" encoding="GB2312"?>
[2]    <职工列表>
[3]      <职工>
[4]        <职工编号>001</职工编号>
[5]        <姓名 职称="工程师">张晓迪</姓名>
[6]        <性别>女</性别>
[7]        <部门>销售部</部门>
[8]        <联系电话>13912345678</联系电话>
[9]      </职工>
[10]     <职工>
[11]       <职工编号>002</职工编号>
[12]       <姓名 职称="高级工程师">王晓宇</姓名>
[13]       <性别>男</性别>
[14]       <部门>财务部</部门>
[15]       <联系电话>13812346543</联系电话>
[16]     </职工>
[17]     <职工>
[18]       <职工编号>003</职工编号>
[19]       <姓名 职称="工程师">王海燕</姓名>
[20]       <性别>女</性别>
[21]       <部门>策划部</部门>
[22]       <联系电话>13412545678</联系电话>
[23]     </职工>
[24]     <职工>
[25]       <职工编号>004</职工编号>
[26]       <姓名 职称="高级工程师">杨育人</姓名>
```

```
[27]        <性别>男</性别>
[28]        <部门>财务部</部门>
[29]        <联系电话>13346346625</联系电话>
[30]      </职工>
[31]      <职工>
[32]        <职工编号>005</职工编号>
[33]        <姓名 职称="工程师">许莉莉</姓名>
[34]        <性别>女</性别>
[35]        <部门>销售部</部门>
[36]        <联系电话>15965328514</联系电话>
[37]      </职工>
[38]      <职工>
[39]        <职工编号>006</职工编号>
[40]        <姓名 职称="高级工程师">冯春辉</姓名>
[41]        <性别>男</性别>
[42]        <部门>财务部</部门>
[43]        <联系电话>13625894521</联系电话>
[44]      </职工>
[45]      <职工>
[46]        <职工编号>007</职工编号>
[47]        <姓名 职称="助理工程师">李晓红</姓名>
[48]        <性别>女</性别>
[49]        <部门>策划部</部门>
[50]        <联系电话>13416548265</联系电话>
[51]      </职工>
[52]      <职工>
[53]        <职工编号>008</职工编号>
[54]        <姓名 职称="高级工程师">赵志国</姓名>
[55]        <性别>女</性别>
[56]        <部门>销售部</部门>
[57]        <联系电话>13888658898</联系电话>
[58]      </职工>
[59]    </职工列表>
```

（2）创建 XSL 样式单。这里使用 Altova XMLSpy 2010 工具创建。打开工具之后单击"File"菜单，在下拉菜单中选择"New"（或者直接按 Ctrl＋N 键），弹出"Create new document"对话框，如图 1-5 所示。接着选择"XSL Stylesheet"即可。

（3）链接 XSL 到 XML 文档。一个 XML 文档应用样式单之后就可以直接在浏览器中显示。在 XML 文档中包含 xml:stylesheet 处理指令，可以将 XSL 样式单链接到 XML 文件中。xml:stylesheet 处理指令中的"："号可以换成"-"号，其使用格式如例 6-2 所示。

【例 6-2】

```
[1]    <?xml:stylesheet type="text/xsl" href="URL"?>
```

其中，URL 是 XSL 样式单文件的位置，该文件可以在本地计算机上，也可以在 Web 上；可以是绝对路径，也可以是相对路径。如例 6-3 所示。

【例 6-3】

```
[1]    <?xml:stylesheet type="text/xsl" href="ch6-1.xsl"?>
```

上面这条语句用到的是相对路径。

```
[1]    <?xml:stylesheet type="text/xsl" href="d:\examples\ch6-1.xsl"?>
```

上面这条语句用到的是本地计算机上的文件，使用绝对路径的方法。

```
[1]    <?xml:stylesheet type="text/xsl" href="http://www.mengyao.com.cn/xml/
ch6-1.xsl"?>
```

上面这条语句用到的是 Web 上的文件。

 XSL 文档本身就是一个特殊的 XML 文档，那么在 XSL 文档中都允许出现哪些元素呢？这些元素的功能是什么？

6.1.2　XSL 文件的基本元素

在定义一个 XSL 文件前，必须要对 XSL 文件的基本元素有一定的了解。XSL 基本元素列表如表 6-1 所示。

表 6-1　　　　　　　　　　　　　XSL 基本元素列表

元素名	描　述	需要 IE 支持
xsl:apply-imports	应用从样式表中导入的模板规则	6.0
xsl:apply-templates	对当前结点或者当前结点的子结点应用模板规则	5.0
xsl:attribute	生成一个属性	5.0
xsl:attribute-set	定义一个属性集合	6.0
xsl:template	调用一个已经命名的模板	6.0
xsl:choose	用于多条件分支的选择，通常和"xsl:when"及"xsl:otherwise"一起使用	5.0
xsl:comment	创建一个注释结点	5.0
xsl:copy	创建当前结点的拷贝（不包括子结点和属性）	5.0
xsl:copy-of	创建当前结点的拷贝（包括子结点和属性）	6.0
xsl:element	生成一个元素结点	5.0
xsl:fallback	指定处理器遇到不支持的 XSL 元素时需要运行的代码	6.0
xsl:for-each	对结点集中的每一个结点进行循环	5.0
xsl:if	用于简单的条件判断	5.0
xsl:import	将一个样式表的内容导入到另一个样式表中（导入的样式表优先权较低）	6.0

（续表）

元素名	描 述	需要 IE 支持
xsl:include	将一个样式表的内容导入另一个样式表中（两个样式表拥有同样的优先权）	6.0
xsl:key	定义一个命名的关键字，以后就可以在样式表中使用 key() 函数来引用	6.0
xsl:message	输出一条信息	6.0
xsl:namespace-alias	在输出中为命名空间指定别名	6.0
xsl:number	转换为数值	6.0
xsl:otherwise	参见 xsl:choose 元素	5.0
xsl:output	指定文件的输出格式	6.0
xsl:param	定义一个本地的或者全局的参数	6.0
xsl:preserve-space	指定空白的保留格式	6.0
xsl:processing-instruction	在输出中产生一条处理指令	5.0
xsl:sort	对输出结果进行排序	6.0
xsl:strip-space	去掉元素中的空白	6.0
xsl:stylesheet	定义一个样式表的根元素	5.0
xsl:template	定义一个模板	5.0
xsl:text	在输出中生成文本	5.0
xsl:transform	定义一个样式表的根元素	6.0
xsl:value-of	选择指定结点的值	5.0
xsl:variable	定义一个本地的或全局的变量	6.0
xsl:when	参见 xsl:choose 元素	5.0
xsl:with-param	定义模板传递的参数	6.0

在本章中，我们将介绍一些比较重要的元素。

 既然 XSL 中的元素都是固定的，那么 XSL 中的根元素是什么呢？

6.1.3　定义样式表的根元素

实际上，一个 XSL 文件就是一个特殊的 XML 文件。所以在 XSL 的顶部应先有 XML 的声明语句，声明方法同 XML 文件的声明方法。接下来要有 XSL 的根元素。根元素的定义方法如下：

1. xsl:stylesheet 元素

xsl:stylesheet 元素是 XSL 文件的根元素，就像 XML 文件要求的那样，在 XSL 文件中只能有一个根元素，但可以在这个元素中包含 xsl:template 元素或者 script 元素。由于 xsl:stylesheet 元素是根元素，通常也会把命名空间的定义加到这个元素中。这个元素的常用属性是 version 属性，目前一般使用 1.0 版本。该元素的使用方法如例 6-4 所示。

【例 6-4】

```
[1]    <xsl:stylesheet version="1.0" xmlns:xsl="http://www.w3.org/1999/XSL/Transform">
[2]    ......
[3]    </xsl:stylesheet>
```

这里有一个需要注意的地方就是,该命名空间必须是 IE 6.0 及以上的版本才能支持,如果使用的是 IE 5.0,那么命名空间就必须改成 xmlns:xsl="http://www.w3.org/TR/WD-XSL"。

2. xsl:transform 元素

在一个 XSL 文件中,xsl:stylesheet 元素和 xsl:transform 元素只能出现一个,其用法和 xsl:stylesheet 元素基本相同。不过 xsl:transform 元素只能在 IE6.0 中使用,如果 IE 浏览器是 5.0 版本,则不能正常显示。因此建议在编写 XSL 文件时,最好都使用第 1 种方法定义根元素。xsl:transform 元素的使用方法如例 6-5 所示。

【例 6-5】

```
[1]    <xsl:transform version="1.0" xmlns:xsl="http://www.w3.org/1999/XSL/Transform">
[2]    ......
[3]    </xsl:transform>
```

如果要在一个 XSL 中引用另一个 XSL 文档,有几种方法?它们的区别是什么?

6.1.4 联合样式表

1. xsl:import 元素

通过使用 xsl:import 元素,可以将一个样式表导入到另一个样式表中。导入的方法就是将所有的 xsl:import 元素放在 xsl:stylesheet 根元素的顶级元素中。如例 6-6 所示。

【例 6-6】

```
[1]    <xsl:stylesheet version="1.0" xmlns:xsl="http://www.w3.org/1999/XSL/Transform">
[2]    <xsl:import href="style1.xsl"/>
[3]    <!--在这里放置其他的子元素-->
[4]    </xsl:stylesheet>
```

导入的样式表和原样式表一起工作,设置 XML 文档的显示格式。但是,有时会出现冲突的情况,比如:两个样式表都对 XML 文档的某个元素进行设置,而且出现不同的显示格式,那么这时候,浏览器到底会如何显示呢? 在 XSL 中,原样式表拥有比导入样式表更高的优先权。因此,浏览器会按照原样式表的设置对 XML 文档进行显示。

2. xsl:include 元素

在 XSL 中,可以使用 xsl:include 元素包含其他的样式表。此时,被包含的样式表和原样式表具有同等的优先权。但是,在 XSL 中所处理的最后一个模板的优先权要高于在其之前定义的任何模板。所以,只要将样式表放置在 xsl:stylesheet 元素的底部,就可以覆盖原样式表,如例 6-7 所示。

【例 6-7】

```
[1]    <xsl:stylesheet version="1.0" xmlns:xsl="http://www.w3.org/1999/XSL/Transform">
[2]    <!--在这里放置其他的子元素-->
[3]    <xsl:include href="style1.xsl"/>
[4]    </xsl:stylesheet>
```

 XSL 中的模板是非常重要的,就像 C 语言中的函数一样,那么如何定义模板和应用模板呢?

6.2　模板的定义和应用

模板的定义在 XSL 中是非常重要的,一个 XML 文档的处理都是从定义模板根结点"/"开始的。

6.2.1　定义模板元素 xsl:template

模板的定义由 xsl:template 元素来实现。在一个 XSL 文件中可能会定义多个模板,每个模板都是一组规则,这组规则将特定的输出与特定的输入相关联,实现数据显示的转换。每个 xsl:template 元素都有一个 match 属性,指出要匹配的结点。在一个 XSL 文件中,一般都需要首先匹配根结点"/",在这里可以指定 XML 文档中数据的输出形式。

XSL 样式单的输出结果将被递交给应用程序,典型的应用程序就是浏览器。所以,在 XSL 样式单中,元素的内容可以使用 HTML 标记。因为该标记是递交给浏览器的,其中标记的具体意义由浏览器决定。在 XSL 中使用 HTML 标记时,唯一的要求就是标记必须有结束标记。需要注意的是,在 HTML 文件中可以只使用
来处理换行,不需要结束标记</br>。但是 XSL 是一个特殊的 XML 文档,所以它也要按照 XML 文档的规范标准,在
中添加一个"/"将标记关闭。

下面给出一个例子,演示一下定义模板元素的使用方法。程序代码如例 6-8(ch6-1.xsl)所示。

【例 6-8】

```
[1]    <?xml version="1.0" encoding="GB2312"?>
[2]    <xsl:stylesheet version="1.0" xmlns:xsl="http://www.w3.org/1999/XSL/Transform">
[3]    <xsl:template match="/">
[4]     <html>
[5]      <head>
[6]       <title>定义模板</title>
```

```
[7]        </head>
[8]        <body>
[9]         <!--这里定义其他元素的显示内容-->
[10]       </body>
[11]     </html>
[12]   </xsl:template>
[13]   </xsl:stylesheet>
```

这里并没有取任何元素的值,因此,这个程序适用于任何 XML 文档。在例 6-1 的
XML 文档的声明语句下面加上以下这行代码:

```
[1]   <?xml:stylesheet type="text/xsl" href="ch6-1.xsl"?>
```

这时的 XML 文档在浏览器中显示的形式如图 6-1 所示。

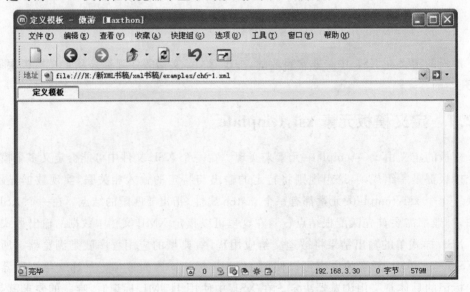

图 6-1　应用 ch6-1.xsl 文件的 ch6-1.xml 文档显示

因为只是在 XSL 文件中修改了网页的标题,而没有获取 XML 文档的任何元素,所
以看到的网页只是标题有了变化,没有显示其他内容。

6.2.2　应用模板元素 xsl:apply-templates

在一个 XSL 中可以定义多个模板元素,而整个 XSL 文件的执行过程是从定义根结
点模板开始,到定义根结点模板结束。通过例 6-8 看出,程序的执行结果很不理想。如果
想解决这个问题,就需要在根结点模板中再定义其他元素的模板。可是,在 XSL 中模板
定义不可以嵌套。就像在 C 语言中函数的定义不可以嵌套一样。这时就需要将多个模
板并列定义。若想在根结点模板中使用其他元素模板,可以使用应用模板元素 xsl:
apply-templates。该元素可以有一个 select 属性,用来指定要处理的结点集。如果省略,
处理引擎将处理元素的子结点。处理引擎在处理子结点时,将会把结点的子结点依次与
样 式 单 中 的 模 板 进 行 比 较,与 子 结 点 匹 配 的 模 板 中 的 输 出 将 会 被 放 到

xsl:apply-templates元素所在的位置。应用模板元素使用的程序代码如例 6-9(ch6-2.xsl)
所示。

【例 6-9】

```
[1]   <?xml version="1.0" encoding="GB2312"?>
[2]   <xsl:stylesheet version="1.0" xmlns:xsl="http://www.w3.org/1999/XSL/Transform">
[3]   <xsl:template match="/">
[4]     <html>
[5]       <head>
[6]         <title>定义模板</title>
[7]       </head>
[8]       <body>
[9]         <xsl:apply-templates select="职工列表"/>
[10]      </body>
[11]     </html>
[12]   </xsl:template>
[13]   <xsl:template match="职工列表">
[14]     <h1>欢迎查看××职工列表</h1>
[15]     <xsl:apply-templates select="职工"/>
[16]   </xsl:template>
[17]   <xsl:template match="职工">
[18]     <ul>
[19]       <xsl:value-of select="职工编号"/>
[20]     </ul>
[21]     <li>
[22]       <xsl:value-of select="姓名"/>
[23]     </li>
[24]     <li>
[25]       <xsl:value-of select="性别"/>
[26]     </li>
[27]     <li>
[28]       <xsl:value-of select="部门"/>
[29]     </li>
[30]     <li>
[31]       <xsl:value-of select="联系电话"/>
[32]     </li>
[33]   </xsl:template>
[34]   </xsl:stylesheet>
```

ch6-2.xsl 的处理过程(处理 ch6-1.xml 文档)如下:

(1)将根结点与样式单中的第一个模板根结点"/"进行匹配,开始输出模板中的以下内容：

```
[1]  <html>
[2]   <head>
[3]    <title>定义模板</title>
[4]   </head>
[5]   <body>
```

（2）在输出第一个模板内容时遇到"<xsl:apply-templates select="职工列表"/>"元素，这时开始处理"职工列表"结点，也就是第二个模板。输出以下内容：

```
[1]  <h1>欢迎查看××职工列表</h1>
```

（3）在输出第二个模板内容时遇到"<xsl:apply-templates select="职工"/>"元素，这时开始处理"职工"结点，也就是第三个模板。输出以下内容：

```
[1]  <ul>
```

（4）这时会遇到"<xsl:value-of select="职工编号"/>"，用于取得职工编号的内容，并将职工编号的内容放到"<ul>"标记后面，接下来输出"</ul>"。依此类推，将一个职工的各个信息内容都放到相应的标记中。处理完第三个模板之后返回到调用第三个模板的地方接着输出。也就是回到第二个模板的相应位置。这时发现第二个模板输出结束。所以接着回到调用第二个模板的地方，也就是第一个模板的相应位置，继续向下输出以下内容：

```
[1]   </body>
[2]  </html>
```

至此，XSL 文件处理结束。处理结果等价于一个 HTML 文档。该 HTML 文档程序代码如例 6-10(ch6-1.htm)所示。

【例 6-10】

```
[1]  <html>
[2]   <head>
[3]    <title>定义模板</title>
[4]   </head>
[5]   <body>
[6]    <h1>欢迎查看××职工列表</h1>
[7]    <ul>001</ul>
[8]    <li>张晓迪</li>
[9]    <li>女</li>
[10]   <li>销售部</li>
[11]   <li>13912345678</li>
[12]   <ul>002</ul>
[13]   <li>王晓宇</li>
[14]   <li>男</li>
[15]   <li>财务部</li>
```

```
[16]        <li>13812346543</li>
[17]        <ul>003</ul>
[18]        <li>王海燕</li>
[19]        <li>女</li>
[20]        <li>策划部</li>
[21]        <li>13412545678</li>
[22]        <ul>004</ul>
[23]        <li>杨育人</li>
[24]        <li>男</li>
[25]        <li>财务部</li>
[26]        <li>13346346625</li>
[27]        <ul>005</ul>
[28]        <li>许莉莉</li>
[29]        <li>女</li>
[30]        <li>销售部</li>
[31]        <li>15965328514</li>
[32]        <ul>006</ul>
[33]        <li>冯春辉</li>
[34]        <li>男</li>
[35]        <li>财务部</li>
[36]        <li>13625894521</li>
[37]        <ul>007</ul>
[38]        <li>李晓红</li>
[39]        <li>女</li>
[40]        <li>策划部</li>
[41]        <li>13416548265</li>
[42]        <ul>008</ul>
[43]        <li>赵志国</li>
[44]        <li>女</li>
[45]        <li>销售部</li>
[46]        <li>13888658898</li>
[47]    </body>
[48] </html>
```

ch6-1.htm 和应用 ch6-2.xsl 的 ch6-1.xml 文档的显示结果如图 6-2 所示。

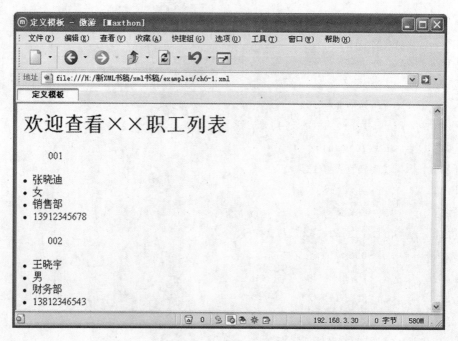

图 6-2   ch6-1. htm 和应用 ch6-2. xsl 的 ch6-1. xml 文档显示结果

 定义模板并不能将 XML 文档中的数据显示出来,若想显示数据就得访问结点? 那么访问结点有几种方法呢? 各是什么? 又是如何选择结点的呢?

6.3   访问结点

6.3.1   访问单个结点 xsl:value-of

xsl:value-of 元素用于将结点的内容复制到输出结果中,指令的 select 属性用于选择被提取值的结点。例如,在 ch6-2. xsl 中使用如下模板来获得"职工编号"结点的值。

```
[1]    <xsl:template match="职工">
[2]    ......
[3]    <xsl:value-of select="职工编号"/>
[4]    ......
[5]    </xsl:template>
```

xsl:value-of 元素不仅可以取得结点的值,还可以取得属性的值。应用 select 属性获取属性的值时,在属性的前面加上"@"符号。如果想获取 ch6-1. xml 文档中职工的职称信息,就可以使用这种方法。程序代码如例 6-11(ch6-3. xsl)所示。

【例 6-11】

```
[1]    <?xml version="1.0" encoding="GB2312"?>
[2]    <xsl:stylesheet version="1.0" xmlns:xsl="http://www.w3.org/1999/XSL/Transform">
[3]    <xsl:template match="/">
[4]     <html>
[5]      <head>
[6]       <title>获取属性的内容</title>
[7]      </head>
[8]      <body>
[9]       <xsl:apply-templates select="职工列表"/>
[10]     </body>
[11]    </html>
[12]   </xsl:template>
[13]   <xsl:template match="职工列表">
[14]    <h1>欢迎查看××职工列表</h1>
[15]    <xsl:apply-templates select="职工"/>
[16]   </xsl:template>
[17]   <xsl:template match="职工">
[18]    <ul>
[19]     <xsl:value-of select="职工编号"/>
[20]    </ul>
[21]    <li>
[22]     <xsl:value-of select="姓名"/>
[23]     <br/>
[24]     职称:
[25]     <xsl:apply-templates select="姓名"/>
[26]    </li>
[27]    <li>
[28]     <xsl:value-of select="性别"/>
[29]    </li>
[30]    <li>
[31]     <xsl:value-of select="部门"/>
[32]    </li>
[33]    <li>
[34]     <xsl:value-of select="联系电话"/>
[35]    </li>
[36]   </xsl:template>
[37]   <xsl:template match="姓名">
[38]    <xsl:value-of select="@职称"/>
[39]   </xsl:template>
[40]   </xsl:stylesheet>
```

ch6-3.xsl 的程序代码运行结果如图 6-3 所示。

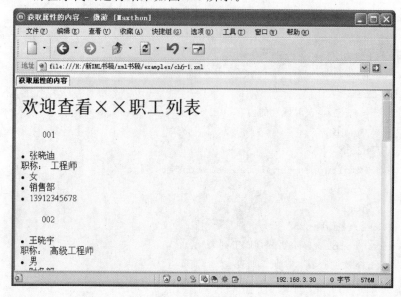

图 6-3 应用 ch6-3.xsl 文件的 ch6-1.xml 文档显示

6.3.2 访问多个结点 xsl：for-each

XSL 可以使用 xsl:for-each 元素来访问所有符合条件的子结点，所以对 ch6-1.xml 文档的显示可以使用另一种方法。应用 xsl:for-each 元素访问所有职工信息可以采用如下格式：

```
[1]   <xsl:template match="职工列表">
[2]   ......
[3]    <xsl:for-each select="职工">
[4]     ......
[5]     <xsl:value-of select="职工编号"/>
[6]     ......
[7]    </xsl:for-each>
[8]   ......
[9]   </xsl:template>
```

因此，使用 xsl：for-each 元素重新设计 ch6-1.xml 文档的样式单代码如例 6-12（ch6-4.xsl）所示。

【例 6-12】

```
[1]   <?xml version="1.0" encoding="GB2312"?>
[2]   <xsl:stylesheet version="1.0" xmlns:xsl="http://www.w3.org/1999/XSL/Transform">
[3]   <xsl:template match="/">
[4]    <html>
[5]     <head>
[6]      <title>循环访问多个结点</title>
[7]     </head>
```

```
[8]          <body background="bg1.gif">
[9]           <xsl:apply-templates select="职工列表"/>
[10]         </body>
[11]       </html>
[12]   </xsl:template>
[13]   <xsl:template match="职工列表">
[14]      <h1 align="center">欢迎查看××职工列表</h1>
[15]      <table width="600" border="1" align="center" cellpadding="1" cellspacing="1">
[16]       <tr bgcolor="# EEEEEE" align="center">
[17]         <th>职工编号</th>
[18]         <th>姓名</th>
[19]         <th>性别</th>
[20]         <th>部门</th>
[21]         <th>联系电话</th>
[22]       </tr>
[23]       <xsl:for-each select="职工">
[24]        <tr>
[25]         <th> <xsl:value-of select="职工编号"/> </th>
[26]         <th> <xsl:value-of select="姓名"/> </th>
[27]         <th> <xsl:value-of select="性别"/> </th>
[28]         <th> <xsl:value-of select="部门"/> </th>
[29]         <th> <xsl:value-of select="联系电话"/> </th>
[30]        </tr>
[31]       </xsl:for-each>
[32]      </table>
[33]   </xsl:template>
[34]   </xsl:stylesheet>
```

ch6-4.xsl 的程序代码运行结果如图 6-4 所示。

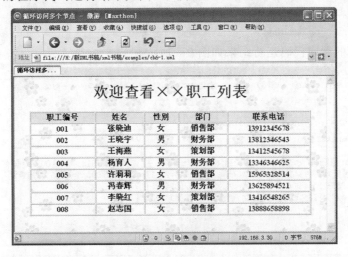

图 6-4　应用 ch6-4.xsl 文件的 ch6-1.xml 文档显示

6.3.3 结点的选择方式

XSL 提供了多种选择结点的方式。xsl：template 元素的 match 属性用于指定需要匹配的结点。而 xsl：copy-of 元素、xsl：for-each 元素、xsl：sort 元素、xsl：value-of 元素和 xsl：apply-templates 元素的 select 属性用于选择结点。下面介绍匹配和选择结点的各种方式。

1. 直接使用元素名

使用元素名来选择结点是最直观的方法。在前面的例子中使用的都是这种方法。

2. 使用匹配符

(1)匹配任意结点

匹配任意结点使用"*|/"，即匹配当前结点及所有子结点和根结点。使用该方式可以访问隐藏结点，否则隐藏结点是不能访问的。使用"*|/"访问 XML 文档所有元素的程序代码如例 6-13(ch6-5.xsl)所示。

【例 6-13】

```
[1]    <?xml version="1.0" encoding="GB2312"?>
[2]    <xsl:stylesheet version="1.0" xmlns:xsl="http://www.w3.org/1999/XSL/Transform">
[3]    <xsl:template match="* |/">
[4]      <html>
[5]        <head>
[6]          <title>匹配任意结点</title>
[7]        </head>
[8]        <body>
[9]          <xsl:apply-templates/>
[10]       </body>
[11]     </html>
[12]   </xsl:template>
[13]   </xsl:stylesheet>
```

ch6-5.xsl 的程序代码运行结果如图 6-5 所示。

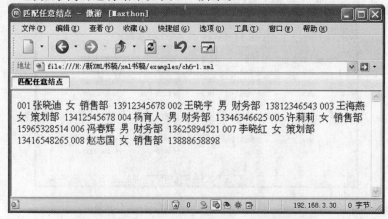

图 6-5   应用 ch6-5.xsl 文件的 ch6-1.xml 文档显示

(2)点号匹配符

点号"."用于匹配当前结点,包括当前结点下的所有子结点。点号可以用于匹配指令、注释和文本结点。使用点号的程序代码如例 6-14(ch6-6.xsl)所示。

【例 6-14】

```
[1]    <?xml version="1.0" encoding="GB2312"?>
[2]    <xsl:stylesheet version="1.0" xmlns:xsl="http://www.w3.org/1999/XSL/Transform">
[3]    <xsl:template match="/">
[4]      <html>
[5]        <head>
[6]          <title>点号匹配符</title>
[7]        </head>
[8]        <body>
[9]          <xsl:apply-templates select="职工列表"/>
[10]       </body>
[11]     </html>
[12]   </xsl:template>
[13]   <xsl:template match="职工列表">
[14]     <xsl:value-of select="."/>
[15]   </xsl:template>
[16]   </xsl:stylesheet>
```

ch6-6.xsl 的程序代码运行结果如图 6-6 所示。

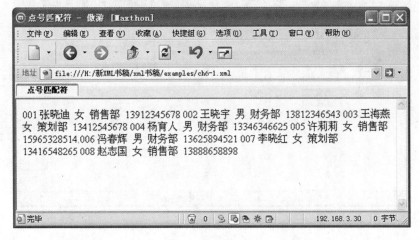

图 6-6 应用 ch6-6.xsl 文件的 ch6-1.xml 文档显示

在这个程序中,将"<xsl:value-of select="."/>"放到根结点中的效果和放到"职工列表"结点中的效果是一样的。有兴趣的读者可以试一试。

(3)星号匹配符

星号"＊"用于匹配当前结点,当星号"＊"用在根结点的内部时能够访问根结点下的所有子结点。如果星号"＊"不放在根结点下,则只能匹配当前结点的第一个子结点。所以在根结点下,点号和星号是没有区别的,用哪一个都可以访问文档的所有结点。但是,与点号不同的是,星号不可以用于匹配指令、注释和文本结点。使用星号的程序代码如例 6-15(ch6-7.xsl)所示。

【例 6-15】

```
[1]   <?xml version="1.0" encoding="GB2312"?>
[2]   <xsl:stylesheet version="1.0" xmlns:xsl="http://www.w3.org/1999/XSL/Transform">
[3]   <xsl:template match="/">
[4]    <html>
[5]      <head>
[6]       <title>星号匹配符</title>
[7]      </head>
[8]      <body>
[9]        <xsl:apply-templates select="职工列表"/>
[10]     </body>
[11]   </html>
[12]  </xsl:template>
[13]  <xsl:template match="职工列表">
[14]    <xsl:value-of select="*"/>
[15]  </xsl:template>
[16]  </xsl:stylesheet>
```

ch6-7.xsl 的程序代码运行结果如图 6-7 所示。

图 6-7 应用 ch6-7.xsl 文件的 ch6-1.xml 文档显示

(4)根结点匹配符

根结点匹配符使用"/",匹配根结点的例子见例 6-15。在样式单中,匹配根结点的模板必不可少,在前面的多个样式单中,可以看到样式单中最先出现的模板便是匹配根结点的模板。虽然模板的出现顺序不受限制,但习惯上将匹配根结点的模板放在最前面。

(5)根元素匹配符

在样式单中,可以直接使用根元素的名字定义模板,也可以使用"/*"匹配任意的根元素。例如 ch6-7.xsl 文档中匹配根元素的模板为:

```
[1]  <xsl:template match="职工列表">
[2]  <xsl:value-of select="* "/>
[3]</xsl:template>
```

该模板中的"职工列表"可以使用"/ * "来替代,如下所示:

```
[1]  <xsl:template match="/* ">
[2]    <xsl:value-of select="* "/>
[3]  </xsl:template>
```

(6)当前结点的父结点匹配符

匹配当前结点可用点号".",匹配当前结点的父结点用双点号".."代表。例如:

```
[1]  <xsl:template match="职工编号">
[2]     <xsl:value-of select="."/>
[3]     <xsl:value-of select="../姓名"/>
[4]  </xsl:template>
```

其中的"<xsl:value-of select="."/>"用于取得当前结点,即"职工编号"的值。"<xsl:value-of select="../姓名"/>"用于取得当前结点的父结点,"职工"的子结点"姓名"的值。

3. 使用路径选择元素

(1)使用绝对路径

XML 文档的结构树可以很容易地找到各个结点的路径。我们可以使用绝对路径选择元素。绝对路径就是从根结点到指定结点的路径。单独的"/"代表根结点,在路径中需要使用"/"作为分隔符号。例如,在"职工列表"中选择"职工编号"的绝对路径,如下所示:

```
[1]  /职工列表/职工/职工编号
```

如果当前结点为根结点,那么选择"职工编号"结点可以使用如下模板:

```
[1]  <xsl:template match="/">
[2]    <xsl:apply-templates select="/职工列表/职工/职工编号"/>
[3]  </xsl:template>
[4]  <xsl:template match="/职工列表/职工/职工编号">
[5]    <xsl:value-of select="."/>
[6]  </xsl:template>
```

(2)使用相对路径

在 XSL 中,不仅可以使用绝对路径的方法定义模板或选择元素,还可以使用相对路径的方法定义模板或选择元素。相对路径就是从当前结点到指定结点的路径。如果当前结点为根结点,那么选择"职工编号"结点可以使用如下模板:

```
[1]  <xsl:template match="/">
[2]    <xsl:apply-templates select="职工列表/职工"/>
[3]  </xsl:template>
[4]  <xsl:template match="职工列表/职工">
[5]    <xsl:value-of select="职工编号"/>
[6]  </xsl:template>
```

（3）在路径中使用星号"＊"

在路径中允许使用星号"＊"来替代任意的元素结点名称。例如，已知"职工列表"的孙子结点有"职工编号"结点，但是不知道"职工列表"的儿子结点的名称，这时可以使用星号"＊"替代"职工列表"的儿子结点。如下所示：

```
[1]  <xsl:template match="/">
[2]  <xsl:apply-templates select="职工列表/* /职工编号"/>
[3]  </xsl:template>
```

（4）在路径中使用"//"

星号只能用于匹配结构树中某一层中的任意元素，而使用"//"可以直接引用任意层的后代结点，例如，可以使用如下模板来获得"职工编号"结点的内容。

```
[1]  <xsl:template match="/">
[2]   <xsl:apply-templates select="职工列表//职工编号"/>
[3]  </xsl:template>
[4]  <xsl:template match="职工列表//职工编号">
[5]   <xsl:value-of select="."/>
[6]  </xsl:template>
```

在路径中使用星号"＊"和使用"//"的用法一致，在此以使用"//"为例，显示 ch6-1. xml 文档中所有部门。程序代码如例 6-16(ch6-8.xsl)所示

【例 6-16】

```
[1]  <?xml version="1.0" encoding="gb2312"?>
[2]  <xsl:stylesheet version="1.0"
[3]  xmlns:xsl="http://www.w3.org/1999/XSL/Transform">
[4]  <xsl:template match="/">
[5]   <html>
[6]      <head>
[7]         <title>在路径中使用//</title>
[8]      </head>
[9]      <body>
[10]        <xsl:apply-templates select="职工列表//部门"/>
[11]     </body>
[12]   </html>
[13]  </xsl:template>
[14]  <xsl:template match="职工列表//部门">
[15]   <xsl:apply-templates select="text()"/> <br/>
[16]  </xsl:template>
[17]  </xsl:stylesheet>
```

ch6-8.xsl 的程序代码运行结果如图 6-8 所示。

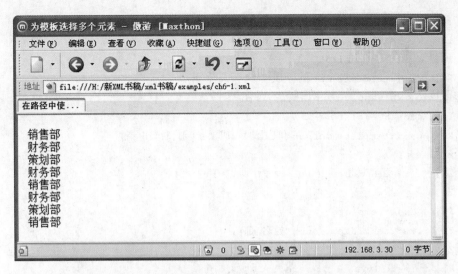

图 6-8　应用 ch6-8.xsl 文件的 ch6-1.xml 文档显示

6.3.4　为模板选择多个元素

在前面的介绍中，一个模板都是应用于某一个选定的结点，XSL 允许一次选择多个结点。一次选择多个结点使用"|"。如果需要选择"职工编号""姓名""性别"三个结点，可以使用如下模板。

```
[1]  <xsl:template match="职工编号|姓名|性别">
[2]  <xsl:value-of select="."/>
[3]  </xsl:template>
```

使用"|"分隔的多个结点可以是特定路径下的结点。这时可以应用前面介绍的绝对路径和相对路径。下面看一个综合的例子，如例 6-17(ch6-9.xsl)所示。

【例 6-17】

```
[1]   <?xml version="1.0" encoding="GB2312"?>
[2]   <xsl:stylesheet version="1.0" xmlns:xsl="http://www.w3.org/1999/XSL/Transform">
[3]   <xsl:template match="/">
[4]    <html>
[5]     <head>
[6]      <title>为模板选择多个元素</title>
[7]     </head>
[8]     <body>
[9]      <xsl:apply-templates select="职工列表"/>
[10]    </body>
[11]   </html>
[12]  </xsl:template>
[13]  <xsl:template match="职工列表">
```

```
[14]      <h1> 欢迎查看××职工列表</h1>
[15]      <xsl:apply-templates select="职工"/> <br/>
[16]    </xsl:template>
[17]    <xsl:template match="职工">
[18]      <xsl:apply-templates/> <br/>
[19]    </xsl:template>
[20]    <xsl:template match="职工编号|职工/性别|联系电话">
[21]      <i>
[22]        <xsl:value-of select="."/> <br/>
[23]      </i>
[24]    </xsl:template>
[25]    <xsl:template match="姓名|部门">
[26]      <b>
[27]        <xsl:value-of select="."/> <br/>
[28]      </b>
[29]    </xsl:template>
[30]  </xsl:stylesheet>
```

ch6-9.xsl 的程序代码运行结果如图 6-9 所示。

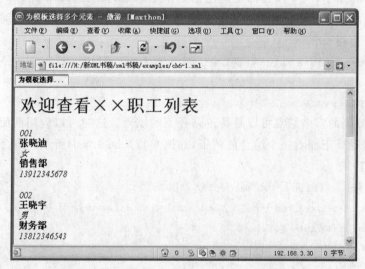

图 6-9   应用 ch6-9.xsl 文件的 ch6-1.xml 文档显示

 有时候并不需要显示所有的数据,需要按照一定的条件进行选择,那么如何为选择的元素添加条件呢?

6.3.5   为选择的元素添加条件

在 XSL 中可以为选择的元素添加限制条件,如可以限制元素必须有给定的子元素、必须有给定的属性、必须有某个元素的值、必须有某个属性的值,甚至可以限制某个元素的值必须为给定的字符串。为选择的元素添加限制条件需要使用符号"[]"。为了能够更好地看出为选择的元素添加条件的效果,重新编写一个 XML 文档,如例 6-18(ch6-2. xml)所示。

【例 6-18】

```
[1]    <?xml version="1.0" encoding="GB2312"?>
[2]    <!-- Writen by Yangling -->
[3]    <!-- Date:2017-5-7 -->
[4]    <职工列表>
[5]      <职工>
[6]        <职工编号>001</职工编号>
[7]        <姓名 职称="工程师">张晓迪</姓名>
[8]        <性别>女</性别>
[9]        <部门>销售部</部门>
[10]       <联系电话>13912345678</联系电话>
[11]     </职工>
[12]     <职工>
[13]       <职工编号>002</职工编号>
[14]       <姓名>王晓宇</姓名>
[15]       <性别>男</性别>
[16]       <联系电话>13812346543</联系电话>
[17]     </职工>
[18]     <职工>
[19]       <职工编号>003</职工编号>
[20]       <姓名 职称="工程师"> 王海燕</姓名>
[21]       <性别>女</性别>
[22]       <部门>策划部</部门>
[23]       <联系电话>13412545678</联系电话>
[24]     </职工>
[25]     <职工>
[26]       <职工编号>004</职工编号>
[27]       <姓名 职称="高级工程师">杨育人</姓名>
[28]       <性别>男</性别>
[29]       <部门>财务部</部门>
[30]     </职工>
[31]     <职工>
[32]       <职工编号>005</职工编号>
[33]       <姓名>许莉莉</姓名>
```

```
[34]        <性别>女</性别>
[35]        <联系电话>15965328514</联系电话>
[36]      </职工>
[37]      <职工>
[38]        <职工编号>006</职工编号>
[39]        <姓名 职称="高级工程师">冯春辉</姓名>
[40]        <性别>男</性别>
[41]        <部门>财务部</部门>
[42]        <联系电话>13625894521</联系电话>
[43]      </职工>
[44]      <职工>
[45]        <职工编号>007</职工编号>
[46]        <姓名 职称="助理工程师">李晓红</姓名>
[47]        <性别>女</性别>
[48]        <部门>策划部</部门>
[49]      </职工>
[50]      <职工>
[51]        <职工编号>008</职工编号>
[52]        <姓名 职称="高级工程师">赵志国</姓名>
[53]        <性别>女</性别>
[54]        <部门>销售部</部门>
[55]        <联系电话>13888658898</联系电话>
[56]      </职工>
[57]    </职工列表>
```

（1）限制元素必须有子元素

在编写 XSL 的时候，如果需要查看必须有联系方式的职工信息的时候，可以使用如下模板。如例 6-19(ch6-10.xsl)所示。

【例 6-19】

```
[1]   <?xml version="1.0" encoding="GB2312"?>
[2]   <xsl:stylesheet version="1.0" xmlns:xsl="http://www.w3.org/1999/XSL/Transform">
[3]   <xsl:template match="/">
[4]    <html>
[5]     <head>
[6]       <title>定义模板</title>
[7]     </head>
[8]     <body background="bg2.gif">
[9]       <xsl:apply-templates select="职工列表"/>
[10]     </body>
```

```
[11]      </html>
[12]   </xsl:template>
[13]   <xsl:template match="职工列表">
[14]     <h1 align="center">欢迎查看××职工列表</h1>
[15]     <table align="center" border="1">
[16]       <tr>
[17]         <th>职工编号</th>
[18]         <th>姓名</th>
[19]         <th>性别</th>
[20]         <th>部门</th>
[21]         <th>联系电话</th>
[22]       </tr>
[23]     <xsl:apply-templates select="职工[部门]"/>
[24]     </table>
[25]   </xsl:template>
[26]   <xsl:template match="职工[部门]">
[27]     <tr>
[28]       <th>
[29]       <xsl:value-of select="职工编号"/>
[30]       </th>
[31]       <th>
[32]       <xsl:value-of select="姓名"/>
[33]       </th>
[34]       <th>
[35]       <xsl:value-of select="性别"/>
[36]       </th>
[37]       <th>
[38]       <xsl:value-of select="部门"/>
[39]       </th>
[40]       <th>
[41]       <xsl:value-of select="联系电话"/>
[42]       </th>
[43]     </tr>
[44]   </xsl:template>
[45]   </xsl:stylesheet>
```

ch6-10.xsl 的程序代码运行结果如图 6-10 所示。

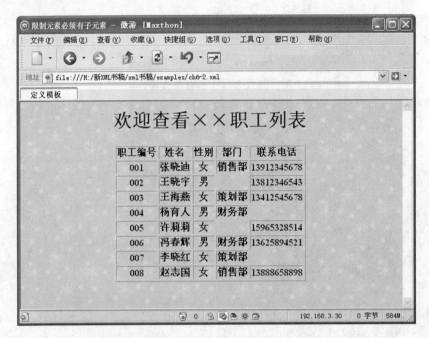

图 6-10   应用 ch6-10.xsl 文件的 ch6-2.xml 文档显示

通过图 6-10,可以看出"职工编号"为 002、005 的两个职工的部门信息没有显示出来。原因是在 XML 文档中,这两个职工没有部门,因此不能显示。

(2)添加多个限制条件

有些时候,添加一个限制条件不能解决问题,需要添加多个限制条件。XSL 中允许在"[]"中使用"|"来组合多个限制条件。以 ch6-2.xml 为基本文档,如果需要显示必须有部门或联系电话的职工信息,则可以使用为选择的元素添加多个限制条件的方法。例如,需要显示拥有"部门"或"联系电话"子元素的"职工"结点,可以使用如下模板:

```
[1]  <xsl:template match="职工[部门|联系电话]">
[2]    <tr>
[3]      <th>
[4]      <xsl:value-of select="职工编号"/>
[5]      </th>
[6]      ......
[7]    </tr>
[8]  </xsl:template>
```

(3)在条件中使用星号

在有些情况下,只知道限制条件是什么,但并不知道元素名称。这时候可以使用星号" * "选择符合条件的任意元素。例如,需要选择具有部门的所有职工信息,可以使用如下模板:

```
[1]  <xsl:template match="*[部门]">
[2]    <tr>
[3]      <th>
[4]        <xsl:value-of select="职工编号"/>
[5]      </th>
[6]      ......
[7]    </tr>
[8]  </xsl:template>
```

（4）限制元素必须带有给定属性

在"[]"中，允许使用"@"来指定元素必须带有给定属性。如果需要选择必须带有"职称"属性的"姓名"结点，可以使用"@"实现。程序代码如例 6-20(ch6-11.xsl)所示。

【例 6-20】

```
[1]  <?xml version="1.0" encoding="GB2312"?>
[2]  <xsl:stylesheet version="1.0" xmlns:xsl="http://www.w3.org/1999/XSL/Transform">
[3]  <xsl:template match="/">
[4]    <html>
[5]      <head>
[6]        <title>限制元素必须带有给定属性</title>
[7]      </head>
[8]      <body background="bg2.gif">
[9]        <xsl:apply-templates select="职工列表"/>
[10]     </body>
[11]   </html>
[12]  </xsl:template>
[13]  <xsl:template match="职工列表">
[14]    <h1 align="center">欢迎查看××职工列表</h1>
[15]    <table align="center" border="1">
[16]      <tr>
[17]        <th>职工编号</th>
[18]        <th>姓名</th>
[19]        <th>性别</th>
[20]        <th>部门</th>
[21]        <th>联系电话</th>
[22]      </tr>
[23]      <xsl:apply-templates select="职工"/>
[24]    </table>
[25]  </xsl:template>
[26]  <xsl:template match="职工">
[27]    <tr>
[28]      <th>
```

```
[29]        <xsl:value-of select="职工编号"/>
[30]        </th>
[31]        <th>
[32]        <xsl:value-of select="姓名[@ 职称]"/>
[33]        </th>
[34]        <th>
[35]        <xsl:value-of select="性别"/>
[36]        </th>
[37]        <th>
[38]        <xsl:value-of select="部门"/>
[39]        </th>
[40]        <th>
[41]        <xsl:value-of select="联系电话"/>
[42]        </th>
[43]    </tr>
[44]    </xsl:template>
[45]    </xsl:stylesheet>
```

ch6-10.xsl 的程序代码运行结果如图 6-11 所示。

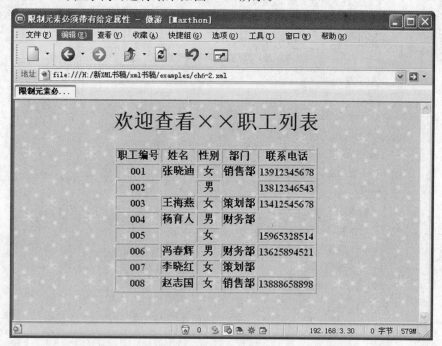

图 6-11   应用 ch6-11.xsl 文件的 ch6-2.xml 文档显示

在 ch6-2.xml 中,"职工编号"为 002 和 005 的职工是有姓名的,但是在 ch6-11.xsl 文件中指定显示必须有职称属性的姓名,因此这两名职工的姓名没有显示出来。通过图 6-11可以看出最终的结果也是这样。

(5)限制元素内容必须为给定字符串

在"[]"中可以使用"="来判断元素内容是否为给定的字符串。如果需要查看所有女职工的信息,可以使用如下模板:

```
[1]   <xsl:template match="职工[性别= '女']">
[2]    <tr>
[3]      <th>
[4]        <xsl:value-of select="职工编号"/>
[5]      </th>
[6]      ......
[7]    </tr>
[8]   </xsl:template>
```

(6)限制元素属性必须为给定字符串

在"@"中可以使用"="来判断元素属性是否为给定的字符串。如果需要查看所有职称为"高级工程师"的职工信息,可以使用如例 6-21(ch6-12.xsl)所示方法。

【例 6-21】

```
[1]    <?xml version="1.0" encoding="GB2312"?>
[2]    <xsl:stylesheet version="1.0" xmlns:xsl="http://www.w3.org/1999/XSL/Transform">
[3]    <xsl:template match="/">
[4]     <html>
[5]      <head>
[6]       <title>限制元素属性必须为给定字符串</title>
[7]      </head>
[8]      <body background="bg2.gif">
[9]       <xsl:apply-templates select="职工列表"/>
[10]      </body>
[11]    </html>
[12]   </xsl:template>
[13]   <xsl:template match="职工列表">
[14]    <h1 align="center">欢迎查看××职工列表</h1>
[15]    <table align="center" border="1">
[16]     <tr>
[17]       <th>职工编号</th>
[18]       <th>姓名</th>
[19]       <th>性别</th>
[20]       <th>部门</th>
[21]       <th>联系电话</th>
[22]     </tr>
[23]    <xsl:apply-templates select="职工[姓名[@职称='高级工程师']]"/>
[24]    </table>
[25]   </xsl:template>
```

```
[26]    <xsl:template match="职工[姓名[@ 职称= '高级工程师']]">
[27]     <tr>
[28]      <th>
[29]       <xsl:value-of select="职工编号"/>
[30]      </th>
[31]      <th>
[32]       <xsl:value-of select="姓名"/>
[33]      </th>
[34]      <th>
[35]       <xsl:value-of select="性别"/>
[36]      </th>
[37]      <th>
[38]       <xsl:value-of select="部门"/>
[39]      </th>
[40]      <th>
[41]       <xsl:value-of select="联系电话"/>
[42]      </th>
[43]     </tr>
[44]    </xsl:template>
[45]    </xsl:stylesheet>
```

ch6-12. xsl 的程序代码运行结果如图 6-12 所示。

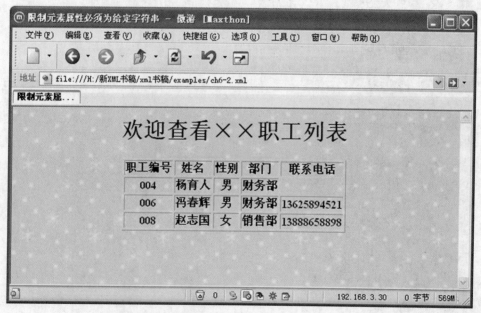

图 6-12　应用 ch6-12. xsl 文件的 ch6-2. xml 文档显示

　　通过图 6-12 可以看出 8 名职工中有 3 名职工为高级工程师,与 ch6-2. xml 文档中给出的内容一致。

6.3.6　使用函数选择结点

XSL 提供了四个结点类型函数,可以用来选择结点,分别为:

(1)选择指令函数:processing-instruction()

使用 processing-instruction()指令可以获取 XML 文档中的处理指令语句。如果要获取 XML 文档中的处理指令"type ="text/xsl" href ="ch6-12. xsl""(注意不能获取"xml:stylesheet"标记),可以使用如下模板:

```
[1]  <xsl:template match="processing-instruction()">
[2]    <xsl:value-of select="."/> <br/>
[3]  </xsl:template>
```

(2)选择注释函数:comment()

使用 comment()指令可以获取 XML 文档中的注释语句。如果要获取 XML 文档中的注释语句"Writen by Yangling"和"Date:2017-5-7",可以使用如下模板:

```
[1]  <xsl:template match="comment()">
[2]    <xsl:value-of select="."/> <br/>
[3]  </xsl:template>
```

(3)选择文本函数:text()

使用 text()指令可以获取当前结点的子结点的文本内容。

(4)选择任意结点函数:node()

使用 node()指令可以获取 XML 文档中任意类型结点的内容,而星号只能匹配元素类型的结点。例如要获取 XML 文档中的所有结点的信息,可以参见例 6-22(ch6-13. xsl)所示方法。

【例 6-22】

```
[1]   <?xml version="1.0" encoding="GB2312"?>
[2]   <xsl:stylesheet version="1.0" xmlns:xsl="http://www.w3.org/1999/XSL/Transform">
[3]   <xsl:template match="/">
[4]    <html>
[5]     <head>
[6]      <title>使用函数选择结点</title>
[7]     </head>
[8]     <body>
[9]      <xsl:apply-templates/>
[10]     </body>
[11]    </html>
[12]   </xsl:template>
[13]   <xsl:template match="node()">
[14]    <h1>欢迎查看××职工列表</h1>
[15]    <xsl:value-of select="."/> <br/>
[16]   </xsl:template>
[17]   </xsl:stylesheet>
```

ch6-13.xsl 的程序代码运行结果如图 6-13 所示。

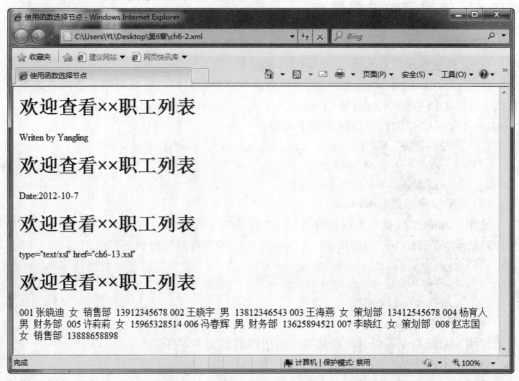

图 6-13　应用 ch6-13.xsl 文件的 ch6-2.xml 文档显示

 既然使用 XSL 格式化 XML 的时候可以对输出结果进行排序,那么有几种方法呢? 每种方法都是如何实现的呢?

6.4　对输出结果排序

对 XML 文件的输出元素排序是 XSL 样式表的一大优势。使用 CSS 样式表,尽管可以控制 XML 文件的显示方式,但对于元素的显示顺序,它就无能为力了。XSL 样式表则提供了更强的支持,它不但可以随意显示 XML 文件,还可以让元素按照指定的顺序显示。不过,在 IE 5.0 和 IE 6.0 中,排序的实现方式不同。

6.4.1　使用 order-by 属性

在 IE 5.0 中可以使用 xsl:for-each 元素和 xsl:apply-templates 元素的 order-by 属性来控制输出结果的显示顺序。控制 ch6-2.xml 文档输出结果按"联系电话"升序显示可以使用如下模板：

```
[1]    <xsl:template match="职工列表">
[2]      <xsl:apply-templates select="职工" order-by="+联系电话"/>
[3]    </xsl:template>
```

如果需要按照多个元素进行排序，可以为 order-by 属性指定多个值，各个值用分号隔开。属性值中的"＋"代表按照字母升序显示，相应的，"－"代表按照字母降序显示。

6.4.2　使用 xsl:sort 元素

在 IE 6.0 及以上的版本中，可以使用功能更加强大的 xsl:sort 元素来进行排序。xsl:sort 元素使用时需要作为 xsl:for-each 元素或 xsl:apply-templates 元素的子元素。它主要有以下几个属性：

select 属性：设置排序的关键字。

order 属性：设置排序次序，属性值为"ascending"时代表升序，属性值为"descending"时代表降序。

data-type 属性：设置排序标准，属性值为"text"时代表按照文字顺序排序，属性值为"number"时代表按照数字顺序排序。

case-order 属性：设置排序是否按大小写进行，属性值为"upper-first"时代表大写字母在前面，属性值为"lower-first"时表示小写字母在前面。

lang 属性：可以设一个"NMTOKEN"值来表示按照该种语言排序。

在默认情况下，以关键字的字母顺序进行排序。可以在 xsl:for-each 元素或 xsl:apply-templates元素中存在多个 xsl:sort 元素，这时输出内容首先按第一个关键字进行排序，然后按第二个关键字进行排序，依此类推。将 ch6-2.xml 文档的内容按照"联系电话"升序、"性别"降序显示，如例 6-23（ch6-14.xsl）所示。

【例 6-23】

```
[1]    <?xml version="1.0" encoding="GB2312"?>
[2]    <xsl:stylesheet version="1.0" xmlns:xsl="http://www.w3.org/1999/XSL/Transform">
[3]    <xsl:template match="/">
[4]      <html>
[5]        <head>
[6]          <title>排序显示职工信息</title>
[7]        </head>
[8]        <body background="bg2.gif">
[9]          <xsl:apply-templates select="职工列表"/>
[10]       </body>
[11]     </html>
[12]   </xsl:template>
```

```
[13]  <xsl:template match="职工列表">
[14]   <h1 align="center">欢迎查看××职工列表</h1>
[15]   <table align="center" border="1">
[16]    <tr>
[17]     <th>职工编号</th>
[18]     <th>姓名</th>
[19]     <th>性别</th>
[20]     <th>部门</th>
[21]     <th>联系电话</th>
[22]    </tr>
[23]   <xsl:apply-templates select="职工">
[24]    <xsl:sort select="联系电话" order="ascending"/>
[25]    <xsl:sort select="性别" order="descending"/>
[26]   </xsl:apply-templates>
[27]   </table>
[28]  </xsl:template>
[29]  <xsl:template match="职工">
[30]   <tr>
[31]    <th>
[32]    <xsl:value-of select="职工编号"/>
[33]    </th>
[34]    <th>
[35]    <xsl:value-of select="姓名"/>
[36]    </th>
[37]    <th>
[38]    <xsl:value-of select="性别"/>
[39]    </th>
[40]    <th>
[41]    <xsl:value-of select="部门"/>
[42]    </th>
[43]    <th>
[44]    <xsl:value-of select="联系电话"/>
[45]    </th>
[46]   </tr>
[47]  </xsl:template>
[48]  </xsl:stylesheet>
```

ch6-14.xsl 的程序代码运行结果如图 6-14 所示。

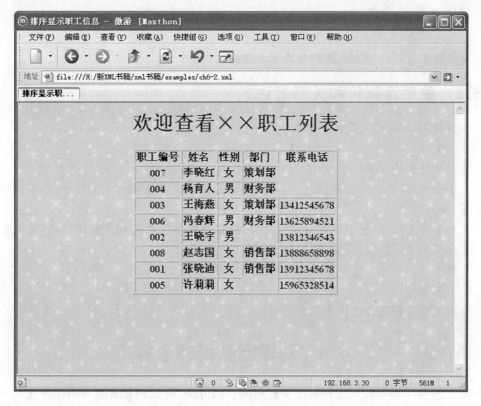

图 6-14　应用 ch6-14.xsl 文件的 ch6-2.xml 文档显示

在 XSL 中不仅可以显示 XML 中的数据,还可以对 XML 中的数据进行处理作为新的数据显示,还可以对选择的元素添加限制条件,这时就需要使用运算符和表达式,那么在 XSL 中有哪些运算符和表达式呢?

6.5　运算符和表达式

在 XSL 中的 xsl:if 元素的 test 属性、xsl:when 元素的 test 属性、xsl:template元素的 match 属性、xsl:apply-templates 元素的 select 属性中可以添加表达式,因此需要用到运算符。常用的运算符有算术运算符和关系运算符。

6.5.1　算术运算符和算术表达式

在 XSL 中常用的算术运算符有:

1.加法运算符:＋

2.减法运算符:－

3.乘法运算符：*

4.除法运算符：div

应用算术运算符的表达式称为算术表达式。

6.5.2　关系运算符和关系表达式

在 XSL 中常用的关系运算符有：

1.大于号：>

2.大于等于号：>=

3.小于号：理论上应该使用"<"，但是浏览器无法正确地解析这个符号，必须使用实体引用"<"

4.小于等于号：理论上应该使用"<="，但是浏览器无法正确地解析符号"<"，必须使用实体引用，所以可以写成符号"<="

5.等于号：=

6.不等于号：!=

应用关系运算符的表达式称为关系表达式。

6.6　对输出结点的选择

XSL 提供了根据输入文档来改变输出内容的方法，可以使用元素 xsl:if 和元素 xsl:choose 实现。xsl:if 元素可以根据文档的内容决定是否显示。而 xsl:choose 元素可以根据输入文档内容的不同采取不同的显示方式。

6.6.1　xsl:if 元素

xsl:if 元素提供了根据输入文档内容来改变输出文档的简单方法，类似于 C 语言中的 if 语句（不含 else 语句）。xsl:if 元素的 test 属性可以是一个关系表达式，用来计算布尔值。如果此表达式为 true，即输出 xsl:if 元素的内容；否则，不输出 xsl:if 元素的内容。例如，需要查看所有的女职工信息，如例 6-24（ch6-15.xsl）所示。

【例 6-24】

```
[1]    <?xml version="1.0" encoding="GB2312"?>
[2]    <xsl:stylesheet version="1.0" xmlns:xsl="http://www.w3.org/1999/XSL/Transform">
[3]    <xsl:template match="/">
[4]      <html>
[5]        <head>
[6]          <title> xsl:if 元素</title>
[7]        </head>
[8]        <body background="bg2.gif">
[9]          <xsl:apply-templates select="职工列表"/>
[10]       </body>
[11]     </html>
```

```
[12]    </xsl:template>
[13]    <xsl:template match="职工列表">
[14]     <h1 align="center">欢迎查看××职工列表</h1>
[15]     <table align="center" border="1">
[16]      <tr>
[17]        <th>职工编号</th>
[18]        <th>姓名</th>
[19]        <th>性别</th>
[20]        <th>部门</th>
[21]        <th>联系电话</th>
[22]      </tr>
[23]     <xsl:apply-templates select="职工"/>
[24]     </table>
[25]    </xsl:template>
[26]    <xsl:template match="职工">
[27]     <xsl:if test="性别='女'">
[28]      <tr>
[29]        <th>
[30]        <xsl:value-of select="职工编号"/>
[31]        </th>
[32]        <th>
[33]        <xsl:value-of select="姓名"/>
[34]        </th>
[35]        <th>
[36]        <xsl:value-of select="性别"/>
[37]        </th>
[38]        <th>
[39]        <xsl:value-of select="部门"/>
[40]        </th>
[41]        <th>
[42]        <xsl:value-of select="联系电话"/>
[43]        </th>
[44]      </tr>
[45]     </xsl:if>
[46]    </xsl:template>
[47]    </xsl:stylesheet>
```

ch6-15.xsl 的程序代码运行结果如图 6-15 所示。

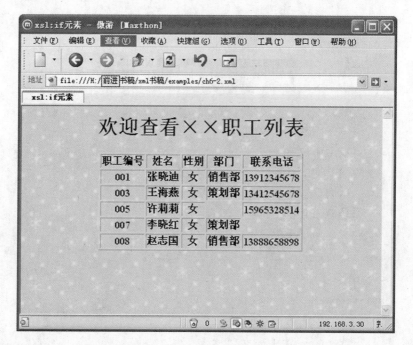

图 6-15   应用 ch6-15. xsl 文件的 ch6-2. xml 文档显示

6.6.2   xsl：choose 元素

在 XSL 中不存在 xsl：else 元素与 xsl：if 元素相对应，但是 xsl：choose 元素可以实现这一功能。根据几个可能的条件，xsl：choose 元素从中选择一个。xsl：when 子元素提供各种条件和相关的输出模板。在 xsl：when 子元素中 test 属性的设置方法与 xsl：if 元素的 test 属性设置方法相同。即哪一个 xsl：when 元素中 test 属性为真，就显示哪一个 xsl：when 元素中的模板内容。如果有多个为真，则显示为真的第一个模板内容。如果都不为真，则显示 xsl：otherwise 子元素模板的内容。xsl：choose 元素使用的一般形式如下所示：

```
[1]   <xsl:choose>
[2]     <xsl:when test=条件表达式>
[3]     ......
[4]     </xsl:when>
[5]     ......
[6]     <xsl:otherwise>
[7]     ......
[8]     </xsl:otherwise>
[9]   </xsl:choose>
```

显示所有的职工信息，根据职工性别的不同，以不同的表格背景颜色显示。程序代码如例 6-25(ch6-16. xsl)所示。

【例 6-25】

```
[1]     <?xml version="1.0" encoding="GB2312"?>
```

```
[2]   <xsl:stylesheet version="1.0" xmlns:xsl="http://www.w3.org/1999/XSL/Transform">
[3]   <xsl:template match="/">
[4]    <html>
[5]     <head>
[6]      <title> xsl:choose 元素的使用</title>
[7]     </head>
[8]     <body>
[9]      <xsl:apply-templates select="职工列表"/>
[10]    </body>
[11]   </html>
[12]  </xsl:template>
[13]  <xsl:template match="职工列表">
[14]   <table align="center" border="1" width="600">
[15]    <tr bgcolor="# EEEEEE">
[16]     <th>职工编号</th>
[17]     <th>姓名</th>
[18]     <th>性别</th>
[19]     <th>部门</th>
[20]     <th>联系电话</th>
[21]    </tr>
[22]    <xsl:apply-templates select="职工"/>
[23]   </table>
[24]  </xsl:template>
[25]  <xsl:template match="职工">
[26]   <xsl:choose>
[27]    <xsl:when test="性别= '男'">
[28]     <tr bgcolor="# CCCCCC">
[29]      <th>
[30]      <xsl:value-of select="职工编号"/>
[31]      </th>
[32]      <th>
[33]      <xsl:value-of select="姓名"/>
[34]      </th>
[35]      <th>
[36]      <xsl:value-of select="性别"/>
[37]      </th>
[38]      <th>
[39]      <xsl:value-of select="部门"/>
[40]      </th>
[41]      <th>
[42]      <xsl:value-of select="联系电话"/>
[43]      </th>
```

```
[44]        </tr>
[45]      </xsl:when>
[46]      <xsl:otherwise>
[47]       <tr bgcolor="# 999999">
[48]        <th>
[49]        <xsl:value-of select="职工编号"/>
[50]        </th>
[51]        <th>
[52]        <xsl:value-of select="姓名"/>
[53]        </th>
[54]        <th>
[55]        <xsl:value-of select="性别"/>
[56]        </th>
[57]        <th>
[58]        <xsl:value-of select="部门"/>
[59]        </th>
[60]        <th>
[61]        <xsl:value-of select="联系电话"/>
[62]        </th>
[63]       </tr>
[64]      </xsl:otherwise>
[65]     </xsl:choose>
[66]   </xsl:template>
[67]   </xsl:stylesheet>
```

ch6-16.xsl 的程序代码运行结果如图 6-16 所示。

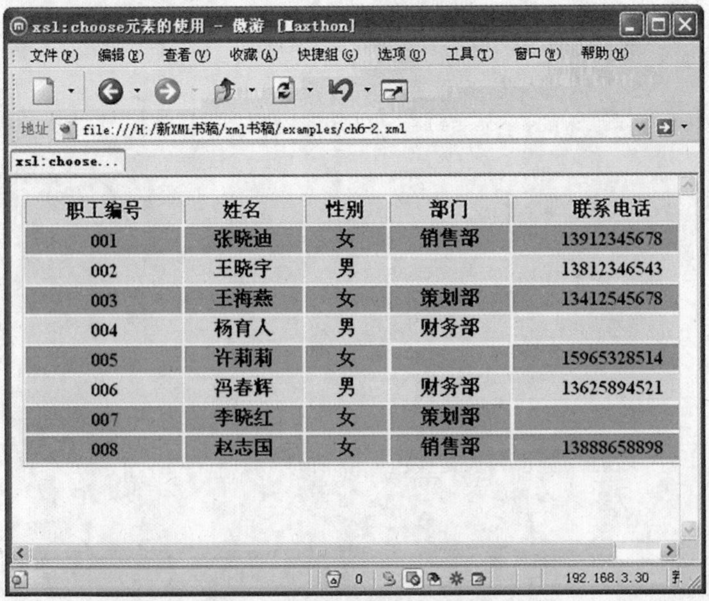

图 6-16 应用 ch6-16.xsl 文件的 ch6-2.xml 文档显示

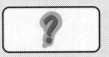 使用 XSL 格式化 XML 文档的时候,可以为输出的元素添加属性,这样就可以显示图片或进行超链接,那么如何为 HTML 标记添加属性呢?

6.7 为 HTML 标记添加属性

由于 XML 文档是纯文本文档,因此在 XML 文档中不能存放图片,但可以把图片的路径存放到 XML 文档中。那么如何才能在网页中显示图片呢?

在 HTML 中显示图片的方法为"<img src="bg.jpg"/>",其中图片地址为"img"的一个属性,而不是作为"img"标记的内容出现。那么按前面所讲的理论是不是应该将获取单个结点的代码添加到"img"标记的属性中呢? 相应的代码如下:

```
[1]  <img src="<xsl:value-of select='image'/> "/>
```

根据 XML 的语法要求,可知上面的代码根本就不会访问单个结点,访问单个结点的代码将作为字符串常量出现。那么到底应该如何实现这个功能呢?

在 XSL 中,允许为已有的元素添加属性,添加属性的方法如下所示。

```
[1]  <xsl:attribute name="需要添加的属性名称">
[2]  需要添加的属性值
[3]  </xsl:attribute>
```

下面以一个少数民族列表示例来讲解如何为 HTML 标记添加属性。对应的 XML 文档如例 6-26(ch6-3.xml)所示。

【例 6-26】

```
[1]   <?xml version="1.0" encoding="UTF-8"?>
[2]   <?xml:stylesheet type="text/xsl" href="ch6-17.xsl"?>
[3]   <minorities>
[4]    <minoritie>
[5]     <id>001</id>
[6]     <image>images\1.png</image>
[7]     <name>鄂伦春族</name>
[8]    </minoritie>
[9]    <minoritie>
[10]     <id>002</id>
[11]     <image>images/2.png</image>
[12]     <name>阿昌族</name>
[13]    </minoritie>
[14]    <minoritie>
[15]     <id>003</id>
[16]     <image>images/3.png</image>
[17]     <name>侗族</name>
```

```
[18]      </minoritie>
[19]      <minoritie>
[20]        <id> 004</id>
[21]        <image> images/4.png</image>
[22]        <name>独龙族</name>
[23]      </minoritie>
[24]      <minoritie>
[25]        <id> 005</id>
[26]        <image> images/5.png</image>
[27]        <name>俄罗斯族</name>
[28]      </minoritie>
[29]    </minorities>
```

格式化 ch6-3. xml 的 XSL 文件如例 6-27(ch6-17. xsl)所示。

【例 6-27】

```
[1]    <?xml version="1.0" encoding="UTF-8"?>
[2]    <xsl:stylesheet version="1.0" xmlns:xsl="http://www.w3.org/1999/XSL/
[3]    Transform" xmlns:fo="http://www.w3.org/1999/XSL/Format">
[4]      <xsl:template match="/* ">
[5]        <html>
[6]          <head>
[7]            <title>少数民族列表</title>
[8]          </head>
[9]          <body>
[10]            <h1 align="center">少数民族列表</h1>
[11]            <table align="center" border="1" cellspacing="0" cellpadding="0" width=
[12]            "500">
[13]              <tr>
[14]                <th>编号</th>
[15]                <th>名称</th>
[16]                <th>图片</th>
[17]              </tr>
[18]              <xsl:apply-templates select="minoritie"/>
[19]            </table>
[20]          </body>
[11]        </html>
[22]      </xsl:template>
[23]      <xsl:template match="minoritie">
[24]        <tr height="120">
[25]          <td width="100"> <xsl:value-of select="id"/> </td>
[26]          <td width="100"> <xsl:value-of select="name"/> </td>
[27]          <td width="300" align="center">
```

```
[28]              <img style="border:1px solid # 000000">
[29]                <xsl:attribute name="src">
[30]                  <xsl:value-of select="image"/>
[31]                </xsl:attribute>
[32]              </img>
[33]            </td>
[34]          </tr>
[35]      </xsl:template>
[36]  </xsl:stylesheet>
```

使用 ch6-17. xsl 格式化的 ch6-3. xml 的显示效果如图 6-17 所示。

图 6-17   应用 ch6-17. xsl 文件的 ch6-3. xml 文档显示

6.8   本章总结

　　本章主要介绍了如何使用 XSL 来显示 XML 文档。XSL 是一种特殊的 XML 文档，因此必须有 XML 声明语句。如果使用 XSL 来显示 XML 文档，首先需要将 XSL 和 XML 文档链接起来。在一个 XSL 文件中还可以引用其他的 XSL 文件，称为联合样式表。在 XSL 文件中最主要的是定义模板和应用模板，本章对其进行了详细的介绍。此外，本章还介绍了如何访问 XML 文档的结点和结点的选择方式。有些时候，用户需要 XML 文档按照一定的顺序显示，因此还重点介绍了使用 XSL 进行排序的方法以及如何为 HTML 标记添加属性的方法。

6.9 习 题

一、选择题

1. 样式表的根元素为（　　）。

A. xsl：stylesheet　　　　　　　　　B. xsl：import

C. xsl：include　　　　　　　　　　　D. xsl：template

2. 在 XSL 中，匹配 XML 的根结点使用（　　）。

A. ＊号　　　　　B. . 号　　　　　C. / 号　　　　　D. XML 中根元素名称

3. （　　）元素用来访问所有符合条件的子结点。

A. xsl：if　　　　B. xsl：for-each　　　C. xsl：choose　　　D. xsl：otherwise

4. 以下通过指定父元素来选择子元素的匹配规则是（　　）。

A. 按照名称匹配元素　　　　　　　　B. 按照属性匹配元素

C. 按照父子元素关系匹配元素　　　　D. 匹配符匹配

5. 添加多个限制条件，使用（　　）号分隔。

A. |　　　　　　　B. ||　　　　　　　C. /　　　　　　　D. ·

二、填空题

1. 将 XML 文档与 XSL 文档链接，需要设置 stylesheet 指令的 type 属性为（　　　）。

2. 应用模板元素使用（　　　）。

3. 匹配任意结点使用（　　　）。

4. （　　　）用于匹配当前结点，包括处理指令、注释和文本结点。

5. xsl：sort 元素允许用到（　　　）和（　　　）元素中。

三、编程题

（1）编写 XML 和 XSL 文档，在浏览器中浏览 XML 文档显示效果如表 6-2 所示。

表 6-2　　　　　　　　　　　　　　　　学生列表

班级编号	班级人数	学号	姓名	出生日期
11001	32	1100101	赵冲	1985-12-23
		1100102	韩军	1986-1-15
11002	28	1100201	胡天娇	1985-10-5
		1100202	冷志远	1985-7-19

（2）编写 XML 和 XSL 文档，在浏览器中浏览 XML 文档显示效果如表 6-3 所示。

表 6-3　　　　　　　　　　　　　　　学生成绩列表

学号	数学	语文	英语
001	96	85	92
002	83	90	98
003	95	91	93

第7章 DOM对象接口

本章学习要点

◇ 了解 SAX 与 DOM 的优点
◇ 掌握 XML 文档的 DOM 树
◇ 熟练掌握主要的 XML DOM 对象

 有些时候可能需要使用应用程序访问 XML 文档,这时候就需要一个接口进行访问,那么有几种访问方法呢? 它们的优点各是什么?

在程序开发过程中,如果要对 XML 文档进行访问与操作,必须通过能够识别 XML 语法的分析器来实现。XML 分析器实际上就是一个对 XML 文档进行语法分析的 DLL (Dynamic Linkable Library,动态链接库),应用程序正是通过这个分析器的接口,实现对 XML 文档的识别与访问。如果不同的分析器各自定义不同的接口,就会给 XML 应用程序的开发带来很大的不便。为了使不同的 XML 应用程序可以方便地任意选择更合适的分析器,W3C 及 XML_DEV 邮件列表的成员分别提出了两个标准的应用程序接口: DOM(Document Object Model,文件对象模型)和 SAX(Simple API for XML,XML 简单应用程序编程接口)。

应用程序接口 DOM 和 SAX 都是由 XML 分析器提供的对 XML 文档进行访问和操作的接口标准。图 7-1 以一种更形象直观的方式给出了 DOM 和 SAX 在 XML 应用程序开发过程中所处的地位。

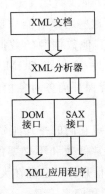

图 7-1　DOM 和 SAX 在 XML 应用程序开发中的地位示意图

7.1   简单编程接口

SAX 的接口风格完全不同于文档对象模型。文档对象模型应用程序通过遵循内存中的对象参照来读取文档中的内容；SAX 解析器通过向应用程序报告解析事件流来告知应用程序文档的内容。

SAX 即 XML 简单应用程序编程接口，全称是扩展标记语言简单应用程序编程接口。从程序中读取 XML 文档基本上有三种方式：

(1)把 XML 只当作一个文件读取，然后自己挑选出其中的标签。这是黑客们的方法，我们不推荐这种方式。你很快会发现处理所有的特殊情况（包括不同的字符编码，例外约定、内部和外部实体、缺省属性等）比想象的困难得多；你可能无法正确地处理所有的特殊情况，这样你的程序会接收到一个非常规范的 XML 文档，却不能正确地处理它。

(2)可以用解析器分析文档并在内存里创建对文档内容树状的表达方式：解析器将输出传递给文档对象模型，即 DOM。这样程序可以从树的顶部开始遍历，按照从一个树单元到另一个单元的引用，从而找到需要的信息。

(3)也可以用解析器读取文档，当解析器发现标签时告知程序它发现的标签。例如它会告知程序何时发现了一个开始标签，何时发现了一些特征数据，以及何时发现了一个结束标签。这叫作事件驱动接口，因为解析器告知应用程序它遇到的有含义的事件。如果这正是用户需要的那种接口，就可以使用 SAX。

7.1.1   SAX 的优点

下面介绍 SAX 接口最显著的一些优点：

(1)可以解析任意大小的文件

因为 SAX 不需要把整个文件加载到内存，所以对内存的占用一般比 DOM 小得多，而且不随着文件大小的增加而增加。当然 DOM 使用的实际内存数量要视解析器而定，但在大多数情况下，一个 100kB 的文档至少要占用 1MB 的内存。

(2)适合创建自己的数据结构

应用程序可能会想用如学生、教师或者职工这样的高级对象而不是一些低级元素、属性和处理指令来创建数据结构。这些对象可能只是和 XML 文件内容有一点关系。例如它们可能只是组成 XML 文件和其他数据源的数据。在这种情况下，如果想在内存中创建面向应用的数据结构，首先创建一个低级 DOM 结构然后释放它是很不合算的。可以仅在每个事件发生时处理它，这样保证商务对象模型合理地增加变动。

(3)适合小信息子集

如果仅对职工的当月工资或确定它们的平均工资感兴趣，那么把不需要的大量数据和需要的少量数据都读入内存是非常低效和不必要的。SAX 一个非常好的特点就是可以非常容易地忽略不感兴趣的数据信息。但是现在大多数浏览器都不支持 SAX，因此这种编程接口并没有 DOM 普及，下面我们来了解一下 DOM 的优点。

7.1.2　DOM 的优点

现在比较普及的编程接口是 DOM，它的优点如下：

（1）DOM 能够保证正确的语法和格式的正规性

由于 DOM 将文本文件转化为抽象的结点树表示，因此能够完全避免无结束标记和不正确的标记嵌套等问题。使用 DOM 操作 XML 文档时，开发人员不必担心文档的文本表示，只需要关注父子关系和相关的信息。另外，DOM 能够避免文档中不正确的父子关系。例如，一个 Attr 对象永远也不能成为另一个 Attr 对象的父对象。

（2）DOM 能够从语法中提取内容

由 DOM 创建的结点树是 XML 文件内容的逻辑表示，它显示了文件提供的信息，以及它们之间的关系，而不受限于 XML 语法。例如，结点树蕴含的信息可以用于更新关系数据库，也可以用于创建 HTML 页面，而开发人员不必考虑 XML 语法规范的限制。

（3）DOM 能够简化内部文档操作

就修改 XML 文件的结构而言，使用 DOM 比使用传统的文件操作机制更加简单。可以通过几条命令执行全局性操作，比如从文档中删除具有特定标记名称的所有元素，而不必采用烦琐的方法，首先对文件进行扫描，然后删除相关的标记。

（4）DOM 能够反映层次数据库和关系数据库的结构

DOM 表示数据元素关系的方式非常类似于现代层次型和关系型数据库表示信息的方法。这使得利用 DOM 在数据库和 XML 文件之间移动信息变得相当简单。

7.2　文档对象模型

W3C DOM 是一种独立于语言和平台的定义，即：它定义了构成 DOM 的不同对象的定义，却没有提供特定的实现，实际上，它能够用任何编程语言实现。例如，为了通过 DOM 访问传统的数据存储，可以将 DOM 实现为传统数据访问功能之外的一层包装。利用 DOM 中的对象，开发人员可以对文档进行读取、搜索、修改、添加和删除等操作。DOM 为文档导航以及操作 XML 文档的内容和结构提供了标准函数。

7.2.1　准备工作

本章主要应用 HTML 网页来读取、修改、添加和删除 XML 文档的内容，脚本语言使用 Javascript。

既然本章主要讲述 DOM 接口，就要把重点放到应用 Javascript 访问 XML 文档上，为此准备了一个 XML 文档。文档源代码如例 7-1(ch7-1. xml)所示。

【例 7-1】

```
[1]    <?xml version="1.0" encoding="GB2312"?>
[2]    <!DOCTYPE 职工列表 SYSTEM "ch7-1.dtd">
[3]    <!-- Written by Yangling -->
```

```
[4]     <职工列表 单位="辽宁机电职业技术学院">
[5]       <职工>
[6]         <职工编号>001</职工编号>
[7]         <姓名 职称="工程师">张晓迪</姓名>
[8]         <性别>女</性别>
[9]         <部门>销售部</部门>
[10]        <联系电话>13912345678</联系电话>
[11]      </职工>
[12]      <职工>
[13]        <职工编号>002</职工编号>
[14]        <姓名 职称="高级工程师">王晓宇</姓名>
[15]        <性别>男</性别>
[16]        <部门>财务部</部门>
[17]        <联系电话>13812346543</联系电话>
[18]      </职工>
[19]      <职工>
[20]        <职工编号>003</职工编号>
[21]        <姓名 职称="工程师">王海燕</姓名>
[22]        <性别>女</性别>
[23]        <部门>策划部</部门>
[24]        <联系电话>13412545678</联系电话>
[25]      </职工>
[26]      <职工>
[27]        <职工编号>004</职工编号>
[28]        <姓名 职称="高级工程师">杨育人</姓名>
[29]        <性别>男</性别>
[30]        <部门>财务部</部门>
[31]        <联系电话>13346346625</联系电话>
[32]      </职工>
[33]    </职工列表>
```

至此，准备工作已经完成，接下来就可以应用 Javascript 访问 ch7-1.xml 文档了。

7.2.2　XML 文档的 DOM 树

在应用程序中，基于 DOM 的 XML 分析器将一个 XML 文档转换成一个对象模型的集合，这个集合通常被称为 DOM 树。应用程序可以通过对该 DOM 树的操作实现对 XML 文档中数据的操作，应用程序可以在任何时候访问 XML 文档中的任何数据，因此这种利用 DOM 接口的机制也称为随机访问机制。通过 DOM 接口，应用程序不仅可以对 XML 文档中的数据进行访问，还可以对 XML 文档中的数据进行修改、移动、删除和插入等操作。

DOM 接口提供了一种通过分层对象模型来访问 XML 文档中信息的方式，这些分层对象模型依据 XML 文档的结构形成了一棵结点树。应用程序正是通过与该结点树的交互来访问 XML 文档中的信息的。

作为 W3C 的规范,DOM 提供了一种可以应用于不同环境和应用中的标准程序接口,它用对象模型来描述文档的结构。一个 XML 分析器在对 XML 文档进行分析之后,不管这个文档多么简单或多么复杂,文档中的信息都会被转化成一棵对象结点树。在这棵结点树中,有一个根结点(Document 结点),所有其他结点都是根结点的后代结点(也称子结点)。DOM 结点树生成之后,就可以通过 DOM 接口访问、修改、添加、删除、创建树中的结点和内容。下面给出例 7-1 的 XML 文档对应的 DOM 树,如图 7-2 所示。

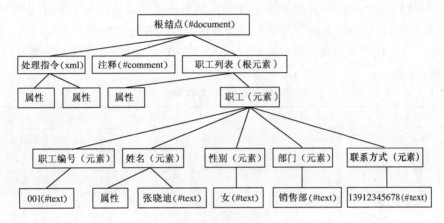

图 7-2　ch7-1.xml 文档对应的 DOM 树

从上图可以看出,在 DOM 中,文档的逻辑结构类似一棵树,文档、文档中的根元素、元素、元素内容、属性等都是以对象模型的形式表示的。文档中的根实际上也是一个元素,而且根元素是唯一的,具有其他元素不具有的某些特征。

XML DOM 有几种对象? 各是什么? 这些对象的常用方法和属性是什么? 如何使用?

7.2.3　XML DOM 对象

应用浏览器提供的 XML DOM 对象编写程序时,根结点用 XMLDOMDocument 对象来代表;对于 XML 文档中由根元素及其各个子元素转化得到的结点,以及由 XML 声明、XML 处理指令转化得到的结点,编程时都可以用 XMLDOMNode 对象来代表;对于由同一父元素下的兄弟元素转化成结点后形成的结点列表(也可看作结点集合),可用 XMLDOMNodeList 对象来代表。这些对象都包含特定的属性和方法,可以通过 Javascript 编程访问这些结点的属性和方法,进而对相应的 XML 文档进行操作。

在目前普遍使用的浏览器中,IE 5.0 以上版本实现了对 XML DOM 技术的支持并且提供了以下五个可以在脚本程序中调用的 XML DOM 对象。

（1）XMLDOMDocument：该对象代表整个 XML 文档，它具有多种属性和方法来获取或创建其他 XML DOM 对象。

（2）XMLDOMNode：该对象可以代表 XML 文档的根元素及根元素下的各个结点，它支持数据类型、名域、DTD 和 Schema。

（3）XMLDOMNodeList：该对象代表 XML 文档中一系列结点组成的一个结点列表，并且支持对该列表的遍历。

（4）XMLDOMNamedNodeMap：该对象也是一个结点列表，支持名域和对属性集的遍历。

（5）XMLDOMParseError：该对象用于返回最近一次解析错误的详细信息，包括错误号、错误所在的行、错误所在的字符位置以及对错误原因的一个描述文本等。

XML DOM 使用不同类型的结点来代表 XML 文档的组成，这些结点的类型、名称和值等如表 7-1 所示。

表 7-1　　　　　　　　　　　　**DOM 结点类型、名称和值**

结点类型	结点名称	结点值	与结点对应的 XML 名称
Document	♯document	null	文档的根结点
Element	元素实际名称	null	元素
Text	♯text	元素内容	元素内容
Attribute	属性名称	属性值	元素属性
Comment	♯comment	注释内容	注释
Processing Instruction	处理指令的关键字（例如 xml）	除了关键字之外整个处理指令的内容（例如，version= "1.0"）	处理指令
CDATA 区段	♯cdata-section	CDATA 区段中的内容	CDATA 区段
文档类型定义	出现在 doctype 宣告中的根元素的名字（例如职工列表）	null	DTD 声明
Entity	实体名称	null	实体
标签	标签名称	null	DTD 中的标签宣告

表 7-1 用来表示不同 XML 文件的基本结点形态。这些类型的每一个结点都是一个程序设计对象，提供了存取相关内容的属性与方法。

可以从结点中的 nodeName 属性获得每个结点的名称（详列于表 7-1 中的第二列）。结点名称以 ♯ 号开始，代表那些未在 XML 文件中命名的组件结点的标准名称（例如，在 XML 文件中的注释并未命名。因此，DOM 将使用标准名称 ♯comment）。其他结点的名称则是取自于 XML 文件中相对应的标记名称（例如，代表"职工"元素的元素结点也可以命名为"职工"）。

可以从结点的 nodeValue 属性取得每个结点的结点值（列于表 7-1 中的第三列）。如果 XML 组件拥有一个相关的值（例如，属性），该值将会被储存于结点的结点值中。如果 XML 组件并没有结点值（例如，元素），则 DOM 将会把结点值设成 null。在本章稍后，将学到更多有关表 7-1 中各种结点类型的相关知识。

　　DOM 会将 XML 文件的结点建构成树状的阶层结构,反映出 XML 文件本身的阶层结构。DOM 将会建立一个单一文件结点来表示整个 XML 文件,并将其视为阶层结构的根结点。注意,XML 元素的逻辑阶层结构,包含了整个 XML 文件,结构中的根结点,只是 DOM 结点的阶层结构的一个分支。

7.2.4　Document 对象

　　Document 对象代表一棵文档树的根结点,使用这个结点我们可以访问 XML 文档中的数据。XML 文档中的元素结点、文本结点、注释、处理指令等结点均无法存在于 Document 对象之外,Document 对象中提供了创建这些结点对象的方法。这些结点对象就是 Node 对象,这个对象提供了一个 ownerDocument 属性,此属性可把它们与创建它们的 Document 对象关联起来。

　　既然 Document 是一个对象,那么这个对象就得提供相关的属性和方法,才能对文档树进行操作,在表 7-2 中列出了 Document 对象的属性及其含义。

表 7-2　　　　　　　　　　　　Document 对象的属性及其含义

属　　性	含　　义
async	表示 XML 文档是否允许异步下载
childNodes	返回文档的子结点列表
doctype	返回与文档相关的 DTD
documentElement	返回文档的根元素结点
documentURI	设置或返回文档的位置
domConfig	返回 normalizeDocument() 被调用时所使用的配置
firstChild	返回文档的第一个子结点
implementation	返回处理该文档的 DOMImplementation 对象
inputEncoding	返回用于文档的编码方式(在解析时)
lastChild	返回文档的最后一个子结点
nodeName	依据结点的类型返回其名称
nodeType	返回结点的结点类型
nodeValue	根据结点的类型来设置或返回结点的值
strictErrorChecking	设置或返回是否强制进行错误检查
text	返回结点及其后代的文本
xml	返回结点及其后代的 XML
xmlEncoding	返回文档的编码方法
xmlStandalone	设置或返回文档是否为 standalone
xmlVersion	设置或返回文档的 XML 版本

　　如果需要在浏览器中检验上面的属性,则需要我们创建一个 Document 对象的结点,这个结点的创建方法(使用 Javascript 脚本语言)如下:

```
[1]  var xmlDoc= new ActiveXObject("Microsoft.XMLDOM")
```

这个对象创建之后,还需要将这个对象与特定的 XML 文档连接起来,因此需要装载 XML 文档,基本语法如下:

```
[1]  xmlDoc.load("ch7-1.xml")
```

下面给出创建这个对象的完整代码,可以在浏览器中运行,但由于没有访问 Document 对象的属性和方法,因此,显示的网页上没有任何内容,在讲述表 7-2 中的属性时,将会陆续显示相关的内容,这个程序的完整代码如例 7-2(ch7-1. html)所示。

【例 7-2】

```
[1]   <html>
[2]    <head>
[3]     <title> XML DOM 使用</title>
[4]     <script language="javascript">
[5]      function load()
[6]      {
[7]        var xmlDoc= new ActiveXObject("Microsoft.XMLDOM")
[8]        xmlDoc.load("ch7-1.xml")
[9]      }
[10]    </script>
[11]   </head>
[12]  <body onload="load()">
[13]  </body>
[14] </html>
```

下面对表 7-2 的内容分别进行介绍。

1. async

async 属性用来规定 XML 文件的下载是否应当被同步处理。属性值为布尔型,如果属性值为 true 意味着 load() 方法可在下载完成之前向调用程序返回控制权。属性值为 false 则意味着在调用程序取回控制权之前必须完成下载。

该属性的语法如下:

```
boolValue=XMLDocument.async
XMLDocument.async=boolValue
```

使用该属性的代码如下所示:

```
[1] xmlDoc.async= false
[2] xmlDoc.load("ch7-1.xml")
[3] document.write(xmlDoc.async)
```

2. childNodes

childNodes 属性可返回 Document 对象的子结点列表,也就是 NodeList 对象,NodeList 对象会在后面的章节中具体介绍。childNodes 属性的语法如下:

```
NodeListValue=XMLDocument.childNodes
```

该属性的使用方法如例 7-3(ch7-2. html)所示。

【例 7-3】

```
[1]    <html>
[2]      <head>
[3]        <title> XML DOM 使用</title>
[4]        <script language="javascript">
[5]          function load( )
[6]          {
[7]           var xmlDoc= new ActiveXObject("Microsoft.XMLDOM")
[8]           xmlDoc.async= false
[9]           xmlDoc.load("ch7-1.xml")
[10]          document.write(xmlDoc.async)
[11]          var nl= xmlDoc.childNodes
[12]          for (i= 0;i<nl.length;i+ + )
[13]          {
[14]             document.write("nodeName: " + nl[i].nodeName+ "<br/> ")
[15]             document.write("nodeType: " + nl[i].nodeType + "<br /> ")
[16]          }
[17]         }
[18]       </script>
[19]      </head>
[20]      <body onload="load( )">
[21]      </body>
[22]    </html>
```

这个程序在浏览器中显示结果如图 7-3 所示。

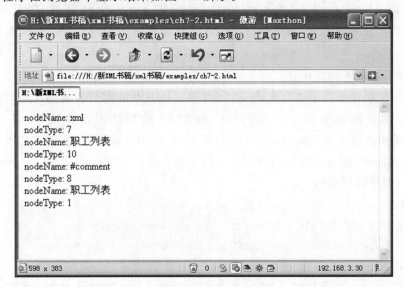

图 7-3 ch7-2.html 文件显示结果

3. doctype

doctype 属性可返回与文档相关的 DTD。如果没有与文档相关的 DTD，则返回 null。doctype 属性的语法如下：

```
StringValue＝xmlDoc.doctype
```

使用该属性的代码如下所示：

```
[1]  document.write(xmlDoc.doctype.name)
```

4. documentElement

documentElement 属性可返回文档的根元素结点。该属性的语法如下：

```
NodeValue＝xmlDoc.documentElement
```

使用该属性的代码如下所示：

```
[1]  var n= xmlDoc.documentElement;
[2]  document.write("nodeName: " + n.nodeName +  "<br /> ")
[3]  document.write("nodeValue: " + n.nodeValue +  "<br /> ")
[4]  document.write("nodeType: " + n.nodeType)
```

5. documentURI

documentURI 属性可设置或返回文档的位置。该属性的语法如下：

```
URIValue＝xmlDoc.documentURI
```

使用该属性的代码如下所示：

```
[1]  document.write("documentURI: " +  xmlDoc.documentURI)
```

虽然这个属性的使用方法我们了解了，但是在浏览器中并不支持这个属性，读者可以使用 Firefox 浏览器查看结果。还有表 7-2 中的 implementation、inputEncoding、strictErrorChecking、xmlEncoding、xmlStandalone 和 xmlVersion 属性，在 IE 中都不支持，这些属性的使用方法和 documentURI 属性的使用方法一致。所以在这里就不一一讲述了。

6. firstChild 和 lastChild

firstChild 属性可返回文档的第一个子结点。lastChild 属性可返回文档的最后一个子结点。这两个属性的用法一致，因此 lastChild 的用法不再讲述，读者可以根据 firstChild 的用法来使用 lastChild 属性。下面讲述 firstChild 属性的用法，其语法如下：

```
nodeValue＝xmlDoc.firstChild
```

使用该属性的代码如下所示：

```
[1]  var n= xmlDoc.firstChild
[2]  document.write("nodeName:" + n.nodeName+ "<br/> ")
[3]  document.write("nodeType:" + n.nodeType)
```

7. nodeName、nodeType 和 nodeValue

nodeName、nodeType 和 nodeValue 这三个属性是比较重要的，也是我们编程时用得较多的属性，它们分别返回结点的名称、结点的类型和结点的值，它们的使用方法也都相似，下面讲述它们的语法格式：

```
StringValue=xmlDoc.nodeName
StringValue=xmlDoc.nodeType
StringValue=xmlDoc.nodeValue
```

使用这三个属性的程序代码如例 7-4(ch7-3.html)所示。

【例 7-4】

```
[1]    <html>
[2]      <head>
[3]        <title> XML DOM 使用</title>
[4]        <script language="javascript">
[5]          function load()
[6]          {
[7]            var xmlDoc= new ActiveXObject("Microsoft.XMLDOM")
[8]            xmlDoc.async= false
[9]            xmlDoc.load("ch7-1.xml")
[10]           document.write("nodeName: " +  xmlDoc.nodeName +  "<br /> ")
[11]           document.write("nodeValue: " +  xmlDoc.nodeType +  "<br /> ")
[12]           document.write("nodeType: " +  xmlDoc.nodeValue)
[13]         }
[14]       </script>
[15]     </head>
[16]     <body onload="load()">
[17]     </body>
[18]   </html>
```

该程序在浏览器中显示结果如图 7-4 所示。

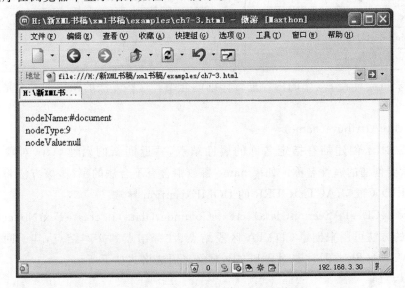

图 7-4　ch7-3.html 文件显示结果

8. text

text 属性可返回当前结点及其后代的文本。该属性的语法格式如下：

```
StringValue＝xmlDoc.text
```

使用该属性的程序代码如下所示：

```
[1]  document.write(xmlDoc.text)
```

9. xml

xml 属性可返回结点及其后代的 XML 文本。该属性的语法格式如下：

```
StringValue＝xmlDoc.xml
```

使用该属性的程序代码如下所示：

```
[1]  document.write("<xmp> "+ xmlDoc.xml+ "</xmp> ")
```

该程序的结果就是在浏览器中显示相关的 XML 文档的全部内容。有兴趣的读者可以在浏览器中运行一下。

前面已经讲过了，Document 是一个对象，因此这个对象不仅含有属性，还含有一些方法提供我们对其进行某种操作，在表 7-3 中列出了 Document 对象的方法及其含义（在此表中仅列出浏览器支持的方法）。

表 7-3   Document 对象的方法及其含义

方　法	含　义
createAttribute(name)	创建拥有指定名称的属性结点，并返回新的 Attr 对象
createCDATASection(data)	创建 CDATA 区段结点
createComment(data)	创建注释结点
createElement(data)	创建元素结点
createProcessingInstruction(target,data)	创建处理指令对象，并返回此对象
createTextNode(data)	创建文本结点
getElementById(iddata)	查找具有指定的唯一 ID 的元素
getElementsByTagName(name)	返回所有具有指定名称的元素结点

接下来将会对表 7-3 中的内容进行详细的介绍。这些方法的调用方式都是"对象名.方法名"。

1. createAttribute(name)

该方法用于创建拥有指定名称的属性结点，并返回新的属性 Attr 对象。其中的 name 表示要创建的属性名称。如果 name 参数中含有不合法的字符，该方法将抛出代码为 INVALID_CHARACTER_ERR 的 DOMException 异常。

2. createCDATASection(data)、createComment(data) 和 createTextNode(data)

上面的方法可用来创建 CDATA 区段结点、注释结点和文本结点，其返回值为新创建的 CDATA 区段对象、注释对象和文本对象。语法格式如下所示：

```
CDATAValue＝xmlDoc.createCDATASection(data)
CommValue＝xmlDoc.createComment(data)
TextValue＝xmlDoc.createTextNode(data)
```

　　需要注意的是,方法中的参数为字符串类型,需要使用双引号将其括起来。而且这个结点创建之后,并没有链接到 XML 文档中,如果想看出效果来,还需要将其链接到 XML 文档的结点上,链接方法将在后面的章节中进行介绍。

　　3. createProcessingInstruction(target,data)

　　该方法用来创建处理指令结点。参数 target 表示处理指令的名称,如 XML 声明就是一条特殊的处理指令,创建时,处理指令名称设置为“xml”,参数 data 表示处理指令的文本内容,也就是该处理指令的各个属性对。该方法返回处理指令对象,因为一般来讲,处理指令要放在 XML 文档的前面,所以需要将其插入到其他结点的前面,这种插入方法将在后面的章节中介绍。

　　4. getElementById(iddata)

　　该方法查找具有指定的唯一 ID 的元素,参数 iddata 表示想获取元素的 id 类型的属性值,该方法返回元素结点,如果没有找到这样的元素,则返回 null。这是一个重要的常用方法,因为它为获取表示指定的文档元素的 Element 对象提供了简便的方法。

　　5. getElementsByTagName(name)

　　该方法可返回带有指定名称的所有元素的一个结点列表,参数 name 表示要查找的元素名称,返回值是一个 NodeList 类型的结点列表,这些结点的顺序就是它们在 XML 文档中的出现顺序。语法格式如下:

```
NodeListValue=xmlDoc.getElementsByTagName(name)
```

　　使用该方法的程序代码如例 7-5(ch7-4.html)所示。

【例 7-5】

```
[1]    <html>
[2]     <head>
[3]      <title> XML DOM 使用</title>
[4]      <script language="javascript">
[5]       function load()
[6]       {
[7]        var xmlDoc=new ActiveXObject("Microsoft.XMLDOM")
[8]        xmlDoc.async= false
[9]        xmlDoc.load("ch7-1.xml")
[10]       var nl=xmlDoc.getElementsByTagName("职工")
[11]       for(i= 0;i<nl.length; i++)
[12]       {
[13]        document.write("nodeName:"+ nl[0].nodeName+ "<br/>")
[14]       }
[15]      }
[16]     </script>
[17]    </head>
[18]    <body onload="load()">
[19]    </body>
[20]   </html>
```

该程序在浏览器中显示的结果如图 7-5 所示。

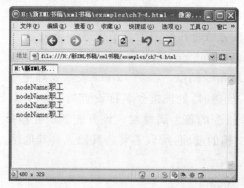

图 7-5　ch7-4.html 文件显示结果

7.2.5　Node 对象

Node 对象也就是结点对象,代表文档树中的一个结点,它是整个 DOM 中的主要数据类型。结点可以是元素结点、属性结点、文本结点等。需要注意的是,虽然所有的结点对象都能够使用 Node 对象的属性和方法,但是并不是所有的对象都拥有父结点或子结点,文本结点不能拥有子结点,所以向文本结点中添加子结点就会导致 DOM 错误。表 7-4 中列出了 Node 对象的属性及其含义(只列出能够在 IE 中使用的属性)。

表 7-4　　　　　　　　　Node 对象的属性及其含义

属　性	含　义
childNodes	返回该结点的所有子结点列表
firstChild	返回该结点下的第一个子结点
lastChild	返回该结点下的最后一个子结点
localName	返回结点的本地名称
namespaceURI	返回结点的命名空间 URI
prefix	返回结点的命名空间前缀
nextSibling	返回该结点的下一个兄弟结点
previousSibling	返回该结点的上一个兄弟结点
nodeName	依据结点的类型返回其名称
nodeType	返回结点的结点类型
nodeValue	根据结点的类型来设置或返回结点的值
ownerDocument	返回该结点的根结点(Document)对象
parentNode	返回该结点的父结点
text	返回结点及其后代的文本
xml	返回结点及其后代的 XML 文本

表 7-4 中与 Document 对象的属性相同的,在这里就不再介绍了,不过这个对象的属性中涉及命名空间的内容,因此还需要做一些准备工作。这个准备就是建立一个含有命名空间的 XML 文档,程序代码如例 7-6(ch7-2.xml)所示。

【例 7-6】

```
[1]     <?xml version="1.0" encoding="GB2312"?>
[2]     <!-- Writen by Yangling -->
[3]     <职工列表 单位="辽宁机电职业技术学院" xmlns:ln="http://www.w3school.com.
[4]     cn/xml">
[5]         <ln:职工>
[6]           <ln:职工编号>001</ln:职工编号>
[7]           <ln:姓名 职称="工程师">张晓迪</ln:姓名>
[8]           <ln:性别>女</ln:性别>
[9]           <ln:部门>销售部</ln:部门>
[10]           <ln:联系电话>13912345678</ln:联系电话>
[12]         </ln:职工>
[13]         <职工>
[14]           <职工编号>002</职工编号>
[15]           <姓名 职称="高级工程师">王晓宇</姓名>
[16]           <性别>男</性别>
[17]           <部门>财务部</部门>
[18]           <联系电话>13812346543</联系电话>
[19]         </职工>
[10]         <职工>
[20]           <职工编号>003</职工编号>
[21]           <姓名 职称="工程师">王海燕</姓名>
[22]           <性别>女</性别>
[23]           <部门>策划部</部门>
[24]           <联系电话>13412545678</联系电话>
[25]         </职工>
[26]         <ln:职工>
[27]           <职工编号>004</职工编号>
[28]           <姓名 职称="高级工程师">杨育人</姓名>
[29]           <性别>男</性别>
[30]           <部门>财务部</部门>
[31]           <联系电话>13346346625</联系电话>
[32]         </ln:职工>
[33]     </职工列表>
```

下面介绍一下 Node 对象的常用属性的用法。

1. localName、namespaceURI 和 prefix

这三个属性分别返回结点的本地名称、命名空间 URI 和命名空间前缀。它们的使用方法一致。下面来看一个使用这三个属性的例子,程序代码见例 7-7(ch7-5.html)。

【例 7-7】

```
[1]     <html>
[2]       <head>
```

```
[3]        <title> XML DOM 使用</title>
[4]        <script language="javascript">
[5]          function load( )
[6]          {
[7]            var xmlDoc= new ActiveXObject("Microsoft.XMLDOM")
[8]            xmlDoc.async= false
[9]            xmlDoc.load("ch7-2.xml")
[10]           var nl= xmlDoc.getElementsByTagName("* ")
[11]           for(i= 0; i < nl.length; i+ + )
[12]           {
[13]             document.write("元素名称:"+ nl[i].nodeName+ "<br/> ")
[14]             document.write("本地名称:"+ nl[i].localName+ "<br/> ")
[15]             document.write("命名空间:"+ nl[i].namespaceURI+ "<br/> ")
[16]             document.write("命名空间前缀:"+ nl[i].prefix+ "<br/> ")
[17]           }
[18]         }
[19]       </script>
[20]     </head>
[21]     <body onload="load( )">
[22]     </body>
[23] </html>
```

该程序在浏览器中显示的结果如图 7-6 所示。

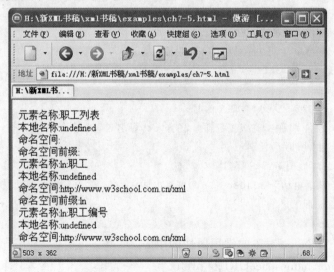

图 7-6 ch7-5.html 文件显示结果

2. nextSibling 和 previousSibling

这两个属性分别返回该结点的下一个兄弟结点和上一个兄弟结点。如果没有同级的前后兄弟结点,则返回 null。下面来看一个使用这两个属性和 firstChild、lastChild 及 childNodes 属性的综合例子,程序代码见例 7-8(ch7-6.html)。

【例 7-8】

```
[1]   <html>
[2]     <head>
[3]       <title> XML DOM 使用</title>
[4]       <script language="javascript">
[5]         function load( )
[6]         {
[7]           var xmlDoc1= new ActiveXObject("Microsoft.XMLDOM")
[8]           var xmlDoc2= new ActiveXObject("Microsoft.XMLDOM")
[9]           xmlDoc1.async= false
[10]          xmlDoc2.async= false
[11]          xmlDoc1.load("ch7-1.xml")
[12]          xmlDoc2.load("ch7-2.xml")
[13]          var nl1= xmlDoc1.childNodes
[14]          var nl2= xmlDoc2.childNodes
[15]          if(nl1.length! = 0)
[16]          {
[17]            var n= xmlDoc1.firstChild
[18]            for(i= 0; i <nl1.length; i+ + )
[19]            {
[20]              document.write("元素名称:"+ n.nodeName+ "<br/> ")
[21]              n= n.nextSibling
[22]            }
[23]          }
[24]          document.write("<br/> <br/> ")
[25]          if(nl2.length! =0)
[26]          {
[27]            var n= xmlDoc2.lastChild
[28]            for(i=0; i <nl2.length; i+ + )
[29]            {
[30]              document.write("元素名称:"+ n.nodeName+ "<br/> ")
[31]              n= n.previousSibling
[32]            }
[33]          }
[34]        }
[35]      </script>
[36]    </head>
[37]    <body onload="load( )">
[38]    </body>
[39]  </html>
```

该程序在浏览器中显示结果如图 7-7 所示。

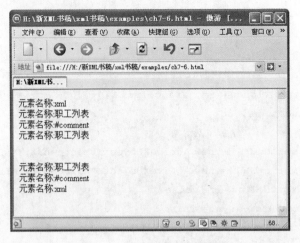

图 7-7   ch7-6. html 文件显示结果

3. ownerDocument 和 parentNode

这两个属性分别返回当前结点的根结点（Document）和父结点。也就是说不管当前的结点是什么,ownerDocument 返回的都是"♯document"。使用这两个属性的程序代码如例 7-9(ch7-7. html)所示。

【例 7-9】

```
[1]    <html>
[2]      <head>
[3]       <title> XML DOM 使用</title>
[4]       <script language="javascript">
[5]        function load( )
[6]        {
[7]         var xmlDoc= new ActiveXObject("Microsoft.XMLDOM")
[8]         xmlDoc.async= false
[9]         xmlDoc.load("ch7-1.xml")
[10]        var n= xmlDoc.getElementsByTagName("职工")[0];
[11]        document.write(n.ownerDocument.nodeName+ "<br/> ")
[12]        document.write(n.parentNode.nodeName+ "<br/> <br/> ")
[13]        var n= xmlDoc.getElementsByTagName("职工列表")[0];
[14]        document.write(n.ownerDocument.nodeName+ "<br/> ")
[15]        document.write(n.parentNode.nodeName+ "<br/> ")
[16]        }
[17]      </script>
[18]    </head>
[19]    <body onload="load( )">
[20]    </body>
[21]   </html>
```

该程序在浏览器中显示结果如图 7-8 所示。

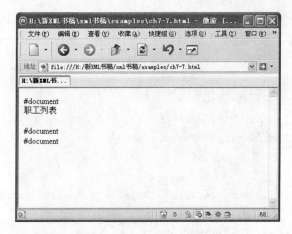

图 7-8　ch7-7.html 文件显示结果

介绍了 Node 对象的属性之后,接下来就要介绍 Node 对象的方法了,Node 对象的方法及其含义如表 7-5 所示(只列出能够在 IE 中使用的方法)。

表 7-5　　　　　　　　　　　　Node 对象的方法及其含义

方　　法	含　　义
appendChild(node)	向结点的子结点列表的结尾添加新的子结点
cloneNode(bool)	复制结点
hasChildNodes()	判断当前结点是否拥有子结点
insertBefore(node)	在指定的子结点前插入新的子结点
normalize()	合并相邻的 text 结点并删除空的 text 结点
removeChild(node)	删除(并返回)当前结点的指定子结点
replaceChild(nnode,onode)	用新结点替换一个子结点
selectNodes(xpath)	用一个 XPath 表达式查询选择结点
selectSingleNode(xpath)	查找和 XPath 查询匹配的一个结点
transformNode(xslDocument)	使用 XSLT 把一个结点转换为一个字符串
transformNodeToObject(xslDocument)	使用 XSLT 把一个结点转换为一个文档

下面来介绍一下 Node 结点的常用方法。

1. appendChild(node)

向当前结点中添加结点,这个结点位于子结点列表的最后位置上。语法格式如下:

```
nodeValue.appendChild(node)
```

使用这个方法的程序代码如下所示:

```
[1]  var n= xmlDoc.getElementsByTagName("姓名")[0];
[2]  var newn= xmlDoc.createElement("出生年月")
[3]  n.appendChild(newn)
```

2. cloneNode(bool)

该方法可创建指定结点的精确拷贝。参数为布尔类型,如果参数值为真(true),则将当前结点及结点的所有子结点一起拷贝,否则只拷贝当前结点。返回值为结点类型,也就是拷贝过来的结点。使用这个方法的程序代码如例 7-10(ch7-8.html)所示。

【例 7-10】

```
[1]   <html>
[2]     <head>
[3]      <title> XML DOM 使用</title>
[4]      < script language="javascript">
[5]       function load()
[6]        {
[7]         var xmlDoc= new ActiveXObject("Microsoft.XMLDOM")
[8]         xmlDoc.async= false
[9]         xmlDoc.load("ch7-1.xml")
[10]        var n= xmlDoc.getElementsByTagName("职工列表")[0];
[11]        var cloneNode= n.cloneNode(true);
[12]        var nl= cloneNode.childNodes;
[13]        document.write("当前结点 nodeName:"+ cloneNode.nodeName)
[14]        }
[15]     </script>
[16]    </head>
[17]    <body onload="load()">
[18]    </body>
[19]  </html>
```

该程序在浏览器中显示结果如图 7-9 所示。

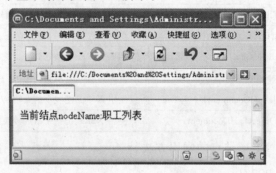

图 7-9　ch7-8.html 文件显示结果

3. hasChildNodes()

该方法用于判断当前结点是否含有子结点,如果当前结点含有子结点,则返回值为"true",否则返回值为"false"。使用该方法的代码片段如下所示。

```
[1]   if(xmlDoc.hasChildNodes())
[2]   {
[3]     var nl=xmlDoc.childNodes
[4]     for(i=0;i<nl.length;i++)
[5]       {
```

```
[6]         document.write("nodeName:"+ nl[i].nodeName+ "<br/> ")
[7]     }
[8] }
```

4. insertBefore(node)

该方法是向当前结点之前添加结点。这种方法的使用方法与 appendChild(node)方法基本一致，这里不再列举程序代码。其语法格式如下所示：

```
nodeValue. insertBefore(node)
```

5. normalize()

该方法的功能是合并相邻的 text 结点并删除空的 text 结点。这个方法将遍历当前结点的所有子孙结点，通过删除空的 text 结点，合并所有相邻的 text 结点来规范文档。尤其是在添加或删除结点之后，对简化文档树的结构很有帮助。其语法格式如下所示：

```
node. normalize()
```

6. removeChild(node)

removeChild(node) 方法可从子结点列表中删除某个结点。如删除成功，此方法可返回被删除的结点；如果失败，则返回 null。其语法格式如下所示：

```
nodeValue= removeChild(node)
```

使用该方法的程序代码如下所示：

```
[1]  var n= xmlDoc.lastChild
[2]  var delnode=n.removeChild(n.firstChild)
[3]  document.write(delnode.nodeName)
```

7. replaceChild(nnode,onode)

该方法表示使用一个新结点替换一个旧结点，参数 nnode 表示新结点，参数 onode 表示旧结点。使用该方法的程序代码片段如下所示：

```
[1]  var nnode= xmlDoc.createElement("职工年龄")
[2]  var n= xmlDoc.getElementsByTagName("职工")[0];
[3]  if(n.replaceChild(nnode,n.firstChild)! = null)
[4]  {
[5]    document.write("nodeName:"+ n.firstChild.nodeName+ "<br/> ")
[6]  }
[7]  else
[8]  {
[9]    document.write("replace faile")
[10] }
```

8. selectNodes(xpath) 和 selectSingleNode(xpath)

selectNodes(xpath)方法用一个 XPath 查询选择结点，其返回值是一个符合查询要求的结点列表，查询方法是在当前结点及以下结点查询。selectSingleNode(xpath) 方法查找和 XPath 查询匹配的一个结点，顾名思义，其返回值是 Node 结点类型。因为本书没有介绍 xpath 表达式，因此在这里对这两个方法不再具体讲述。

9. transformNode(xslDocument) 和 transformNodeToObject(xslDocument)

transformNode(xslDocument)方法使用 XSLT 把一个结点转换为一个字符串，参数为一个 XSL 样式表文档对象,因为 XSL 是一个特殊的 XML 文件,因此其 Document 对象的创建和导入方法与前面所讲的 xmlDoc 的创建和导入方法相同,该方法的返回值是一个文本,也就是相应的 XML 文档结点及其后代结点应用该样式表之后所转换的字符串。而 transformNodeToObject(xslDocument)方法与该方法的区别在于,后面这个方法的返回值是一个文档,也就是一个 Document 对象。

transformNode(xslDocument)方法的使用如下面程序代码所示:

```
[1]  var xmlDoc= new ActiveXObject("Microsoft.XMLDOM")
[2]  xmlDoc.async= false
[3]  xmlDoc.load("ch6-2.xml")
[4]  var xslDoc= new ActiveXObject("Microsoft.XMLDOM")
[5]  xslDoc.async= false
[6]  xslDoc.load("ch6-15.xsl")
[7]  str= xmlDoc.transformNode(xslDoc)
[8]  document.write(str)
```

以上程序代码的执行结果见图 6-15。

7.2.6 NodeList 对象

NodeList 对象表示一个有顺序的结点列表,结点的顺序就是它们在 XML 文档中出现的顺序。可以通过该对象的索引号来引用某个结点,例如前面定义的 nl 一般都为 NodeList 对象,引用结点列表中的第二个结点可以使用 nl[1],需要注意的是索引号从 0 开始。当对结点列表中的结点进行删除操作或者添加结点时,该结点列表会跟着自动更新,无需在编程时考虑这一点。下面来介绍这个对象的属性和方法。

1. length 属性

length 属性表示结点列表中的结点总数,有了这个属性,可以很方便地对结点列表进行遍历。该属性的使用方法在讲 Node 对象的 hasChildNodes()方法时已经用过了,读者可以参看对这个方法的介绍。

2. item(index)方法

item(index)方法可以返回处于 index 索引位置上的结点,因此可以看出参数是一个整数,表示索引号,从 0 开始,小于 length 属性值,返回值是一个结点类型。下面使用这种方法来遍历文档根结点下的结点列表。程序代码如例 7-11(ch7-9.html)所示。

【例 7-11】

```
[1]  <html>
[2]    <head>
[3]     <title> XML DOM 使用</title>
[4]     <script language="javascript">
[5]        load()
[6]        {
[7]         xmlDoc= new ActiveXObject("Microsoft.XMLDOM")
[8]         xmlDoc.async= false
```

```
[9]              xmlDoc.load("ch7-1.xml")
[10]             var nl=xmlDoc.childNodes
[11]             for(i=0;i<nl.length;i++)
[12]             {
[13]                document.write("nodeName:"+ nl[i].nodeName+ "<br/> ")
[14]             }
[15]           }
[16]      </script>
[17]     </head>
[18]     <body onload="load()">
[19]     </body>
[20]   </html>
```

该程序在浏览器中显示的结果如图 7-10 所示。

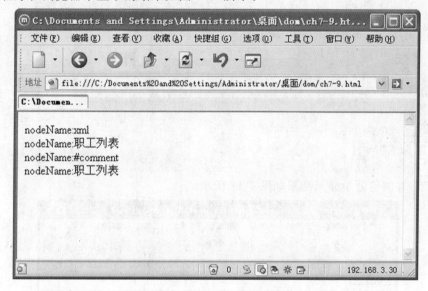

图 7-10　ch7-9. html 文件显示结果

7.2.7　NamedNodeMap 对象

NamedNodeMap 表示一个无序的结点列表,我们可以通过结点的名称访问相应的结点。当然当我们将结点列表中的某个元素删除之后,或者向其中添加元素时,该结点列表的内容也会随着更新。

这个对象的属性与 NodeList 对象的属性相同,所以在这里也不再进行介绍。IE 浏览器中支持该对象的方法主要有三个,下面对这三种方法分别进行介绍。

1. getNamedItem(nodename)

该方法可以通过结点名称获得结点,使用这种方法我们可以获得属性结点的内容。具体程序代码如例 7-12(ch7-10. html)所示。

【例 7-12】

```
[1]    <html>
[2]      <head>
[3]       <title>XML DOM 使用</title>
[4]       <script language="javascript">
[5]          load( )
[6]          {
[7]             xmlDoc= new ActiveXObject("Microsoft.XMLDOM")
[8]             xmlDoc.async= false
[9]             xmlDoc.load("ch7-1.xml")
[10]            var nl= xmlDoc.getElementsByTagName("姓名")
[11]            for(i= 0;i< nl.length;i++ )
[12]            {
[13]              var att= nl.item(i).attributes.getNamedItem("职称")
[14]              document.write(att.value + "<br /> ")
[15]            }
[16]          }
[17]       </script>
[18]     </head>
[19]     <body onload="load( )">
[20]     </body>
[21]    </html>
```

该程序在浏览器中显示结果如图 7-11 所示。

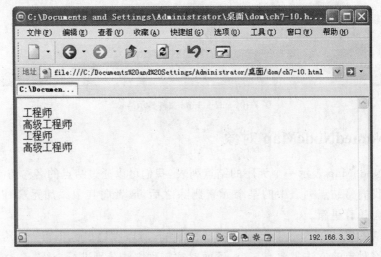

图 7-11　ch7-10.html 文件显示结果

2. item(index)

该方法的使用方法和 NodeList 中的 item(index)相同,读者可以参考其使用方法。这里不再赘述。

3. removeNamedItem(nodename)

该方法可以根据结点名称删除指定的结点,其中 nodename 表示结点名称,为字符串类型,而返回值为 Node 类型,是一个结点对象。使用该方法的程序代码片段如下所示:

```
[1]  var nl= xmlDoc.getElementsByTagName("姓名")
[2]  for(i= 0;i< nl.length;i+ + )
[3]  {
[4]    var delatt= nl.item(i).attributes.removeNamedItem("职称")
[5]    document.write(delatt.value +  "<br/>")
[6]  }
```

7.2.8 parseError 对象

微软的 parseError 对象可用于从微软的 XML 解析器中获取错误信息,不过该对象还没有成为 W3C DOM 标准。

这个对象提供了很有用的一些属性,方便找出 XML 文档中错误的位置,这些重要的属性如表 7-6 所示。

表 7-6　　　　parseError 对象的属性及其含义

属　性	含　义
errorCode	返回一个用十进制数表示的错误编码
reason	用文本描述的错误原因
line	错误出现的行数
linepos	错误出现在行中的位置
srcText	出现错误的源代码
url	出现错误文档的 URL
filepos	出现错误的文档的绝对路径

加载 XML 文档时,若没有发现错误,则 errorCode 的值为 0,否则返回一个非 0 的长整数错误编码,可用其判断文档是否有错。下面我们通过 parseError 对象的属性来编写一个自己的 XML 解析器,在该例中加载的 XML 文档为 ch7-1. xml,为了看出错误描述信息,故将其中的某个"</职工>"标记改成了"<职工>"。程序代码如例 7-13(ch7-11. html)所示。

【例 7-13】

```
[1]  <html>
[2]    <head>
[3]      <title> XML DOM 使用</title>
[4]      <script language="javascript">
[5]        function load( )
[6]        {
[7]          var xmlDoc= new ActiveXObject("Microsoft.XMLDOM")
[8]          xmlDoc.async= false
[9]          xmlDoc.load("ch7-1.xml")
```

```
[10]            if(xmlDoc.parseError.errorCode! = 0)
[11]            {
[12]               document.write("您加载的 XML 文档有错误,错误信息如下:"+ "<br/>")
[13]               document.write("错误编码:"+ xmlDoc.parseError.errorCode+ "<br/>")
[14]               document.write("错误原因:"+ xmlDoc.parseError.reason+ "<br/>")
[15]               document.write("错误所在行:"+ xmlDoc.parseError.line+ "<br/>")
[16]               document.write("错误在行中的位置:"+xmlDoc.parseError.linepos+"<br/>")
[17]               document.write("错误源代码:"+ xmlDoc.parseError.srcText+ "<br/>")
[18]               document.write("文档的 URL:"+ xmlDoc.parseError.url+ "<br/>")
[19]               document.write("文档的绝对位置:"+ xmlDoc.parseError.filepos+ "<br/>")
[20]            }
[21]            else
[22]            {
[23]               document.write("您加载的 XML 没有错误!")
[24]            }
[25]         }
[26]       </script>
[27]    </head>
[28]    <body onload="load()">
[29]    </body>
[30] </html>
```

该程序在 IE 浏览器中的显示结果如图 7-12 所示。

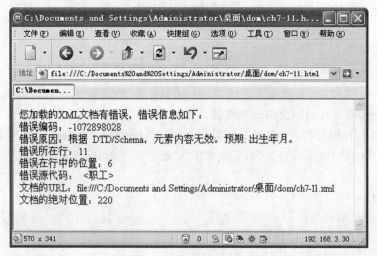

图 7-12 ch7-11.html 文件显示结果

7.3 本章总结

本章讲述的内容为使用其他的技术来访问、操作 XML 文档。使用 SAX 和 DOM 的方法都可以达到这一点,但浏览器对 DOM 的支持较好,因此本章主要向读者介绍 DOM

的相关知识。

如果读者想学好这一章,就一定要掌握 XML 文档的 DOM 树形式,这对于访问其中的结点很有帮助。对 XML 文档的相关操作,实际上就是灵活运用相关对象的属性和方法。本章主要介绍了 Document 对象、Node 对象、NodeList 对象、NamedNodeMap 对象以及 parseError 对象。

此外,在 DOM 中还有很多具体的结点对象,有兴趣的读者可以访问 http://www.w3school.com.cn 网站学习。

7.4　习　题

一、选择题

1. 将子结点添加到结点列表的结尾时,使用(　　)方法。

A. insertChild()　　　　　　　　B. createElement()

C. appendChild()　　　　　　　　D. insertBefore()

2. 以下对象(　　)是 DOM 中的结点对象。

A. Document　　　　　　　　B. Node

C. Element　　　　　　　　D. Text

3. 以下对象(　　)表示 XML 文档的根元素。

A. Document　　　　　　　　B. Node

C. Element　　　　　　　　D. Text

4. 以下(　　)属性返回 NodeList 类型。

A. firstChild　　　　　　　　B. lastChild

C. childNodes　　　　　　　　D. nodeName

5. 有一元素名称为"xt:消费金额",则 namespaceURI 属性获得的是(　　)。

A. xt:消费金额　　　　　　　　B. xt

C. xt 所属的命名空间 URI　　　　D. 消费金额

二、填空题

1. (　　　　)属性返回结点的结点类型。

2. 装载 XML 文件使用方法(　　　　)。

3. 根结点的 nodeValue 值为(　　　　)。

4. 创建拥有指定名称的属性结点的方法为(　　　　)。

5. (　　　　)属性返回该结点的下一个兄弟结点。

三、编程题

1. 使用 DOM 显示与表 2-3 相对应的 XML 文档的所有结点名称。

2. 使用 DOM 显示与表 2-2 相对应的 XML 文档。

第8章 使用数据岛显示XML数据

本章学习要点

◇ 学习如何链接外部 XML 文档
◇ 掌握如何绑定单个记录的 XML 文档
◇ 熟练应用绑定多个记录的 XML 文档的方法
◇ 学习使用表格来显示 XML 文档的方法
◇ 熟练掌握表格的分页技术
◇ 学习如何绑定 XML 元素的属性

如果要在网页中访问多个 XML 文档,可以使用 DOM,但是这种方法需要编写脚本,如果用户不允许执行脚本的话,那么这种方法就行不通了。应该采用什么方法来解决这个问题呢?

在 IE 5.0 及以后的版本里,可以利用 XML 元素来创建数据岛,数据岛就是被 HTML 页面引用或包含的 XML 数据,XML 数据可以包含在 HTML 文件内,也可以包含在某外部文件内。

利用 XML 元素可以免除编写脚本的麻烦,如果用户由于安全的考虑不允许执行脚本的话,<object>标记将不能正常工作,因为要初始化 XML,必须编写脚本。

在 HTML 中访问 XML 文档有几种方法? 各是什么?

8.1　数据岛的使用

如果希望在 HTML 中引用 XML 文档内的数据,就需要将 HTML 文档和 XML 文档链接到一起,即数据绑定。数据绑定的方式有两种:链接外部的 XML 文档和使用内联文档。链接外部的 XML 文档指的是将独立存在的 XML 文件的内容绑定到当前的 HTML 中。而内联文档指的是在当前 HTML 文档的<xml>标记中编写一个完整的 XML 文档。

1. 链接外部的 XML 文档

链接外部 XML 文档的一般形式如下所示：

```
<xml id="xmldata" src="外部 XML 文档的路径"> </xml>
```

这里的 src 属性指定链接的外部 XML 文档的路径，可以是相对路径，也可以是绝对路径；可以是本地路径，还可以是 URL 路径。例如需要在 HTML 中链接当前路径下的 ch8-1.xml，可以使用如下方法：

```
[1]   <xml id="xmldata" src="ch8-1.xml"> </xml>
```

如果需要链接 C 盘根目录下的 ch8-1.xml 文档，可以按如下语句书写：

```
[1]   <xml id="xmldata" src="c:\ch8-1.xml"> </xml>
```

如果需要引用一个远程服务器上的 XML 文件，可以使用如下的例子：

```
[1]   <xml id="xmldata" src="http://yaoyao.baby.com/exam/ch8-1.xml"> </xml>
```

下面来看一个链接外部 XML 文档的 HTML 网页，网页代码如例 8-1(ch8-1.htm)所示。

【例 8-1】

```
[1]   <html>
[2]   <head>
[3]   <title>链接外部 XML 文档</title>
[4]   </head>
[5]   <body>
[6]   <h1>链接外部 XML 文档示例</h1>
[7]   <xml id="xmldata" src="ch8-1.xml"> </xml>
[8]   </body>
[9]   </html>
```

这里使用的 XML 文档内容如例 8-2(ch8-1.xml)所示：

【例 8-2】

```
[1]    <?xml version="1.0" encoding="GB2312"?>
[2]    <职工列表>
[3]      <职工>
[4]        <职工编号>001</职工编号>
[5]        <姓名>张晓迪</姓名>
[6]        <性别>女</性别>
[7]        <部门>销售部</部门>
[8]        <联系电话>13912345678</联系电话>
[9]      </职工>
[10]     <职工>
[11]       <职工编号>002</职工编号>
[12]       <姓名>王晓宇</姓名>
[13]       <性别>男</性别>
[14]       <部门>财务部</部门>
[15]       <联系电话>13812346543</联系电话>
[16]     </职工>
[17]     <职工>
[18]       <职工编号>003</职工编号>
```

```
[19]        <姓名>王海燕</姓名>
[20]        <性别>女</性别>
[21]        <部门>策划部</部门>
[22]        <联系电话>13412545678</联系电话>
[23]      </职工>
[24]      <职工>
[25]        <职工编号>004</职工编号>
[26]        <姓名>杨育人</姓名>
[27]        <性别>男</性别>
[28]        <部门>财务部</部门>
[29]        <联系电话>13346346625</联系电话>
[30]      </职工>
[31]    </职工列表>
```

ch8-1.htm 的运行结果如图 8-1 所示。

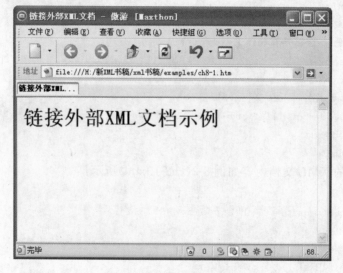

图 8-1 链接外部的 XML 文档

2. 使用内联文档

内联文档指的是在当前 HTML 文档的＜xml＞标记中编写一个完整的 XML 文档。如例 8-3(ch8-2.htm)所示。

【例 8-3】

```
[1]    <html>
[2]    <head>
[3]    <title>使用内联文档</title>
[4]    </head>
[5]    <body>
[6]    <h1>使用内联文档示例</h1>
[7]    <xml id="xmldata">
[8]    <?xml version="1.0" encoding="GB2312"?>
```

```
[9]    <职工列表>
[10]    <职工>
[11]     <职工编号>001</职工编号>
[12]     <姓名>张晓迪</姓名>
[13]     <性别>女</性别>
[14]     <部门>销售部</部门>
[15]     <联系电话>13912345678</联系电话>
[16]    </职工>
[17]    </职工列表>
[18]   </xml>
[19]  </body>
[20] </html>
```

ch8-2.htm 的运行结果如图 8-2 所示。

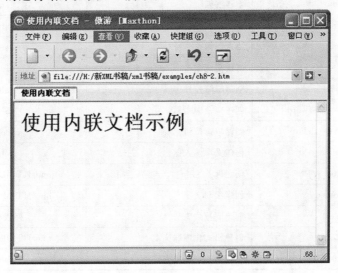

图 8-2　使用内联文档

使用内联文档的优点是方便,缺点是共享性差。对于同一段 XML 代码,使用链接外部 XML 文档的方式,允许多个 HTML 文档同时引用。但是对于内联文档来说,就需要在每个 HTML 文档中编写重复的代码。为了便于数据的维护,一般都使用链接外部 XML 文档的方法。

通过图 8-1 和图 8-2 可以看出,XML 文档中的数据并未显示在网页中,这是因为并没有在 HTML 中绑定 XML 元素。因此需要绑定 XML 元素到 HTML 中。

在 HTML 中并不是所有的标记都可以绑定 XML 元素。那么有哪些标记可以绑定呢? 被绑定的属性是什么呢?

8. 2   绑定 XML 元素

在 HTML 中,并不是所有的 HTML 标记都允许绑定 XML 元素,而且对于不同的 HTML 标记,绑定的方式也不一样。表 8-1 中列出了能够绑定 XML 元素的 HTML 标记。

表 8-1   可以绑定 XML 元素的 HTML 标记

HTML 标记	作 用	被绑定属性
a	创建超级链接	href
applet	在页面中插入 Java 应用程序	param
button	创建按钮	innerHTML、innerText
div	创建可格式化的部分文档	innerHTML、innerText
frame	创建框架	src
iframe	创建可浮动框架	src
img	插入图像	src
Input type＝checkbox	创建复选框	checked
Input type＝hidden	创建隐藏控件	value
Input type＝password	创建口令输入框	value
Input type＝radio	创建单选按钮	checked
Input type＝text	创建文本输入框	value
label	创建标签	innerHTML、innerText
marquee	创建滚动文字	innerHTML、innerText
select	创建下拉列表	列表项目
span	创建格式化内联文本	innerHTML、innerText
textarea	创建多行文本输入区	value

被绑定的文档一般具有三层结构,即根元素、第二层子元素和第三层子元素,而且这些元素都不包含属性,否则有些内容不能正确显示。

表中被绑定的属性中含有"innerHTML"属性的,允许被绑定的 XML 元素中出现 HTML 标记,浏览器也能够正确地解析这些命令,其他的属性则不能正确地解析这些命令。

 在 HTML 中可以绑定单个记录,也可以绑定多个记录。这两种绑定方法如何实现?

8. 2. 1   绑定单个记录的 XML 文档

在 HTML 中可以使用 span、label、marquee、button 和 div 等标记来绑定具有单条记

录的 XML 文档。这些标记的绑定方法简单、易学。使用这些标记来绑定 XML 文档的语法结构如下所示：

```
<span datasrc="#xmldata" datafld="被绑定 XML 标记名称"> </span>
<label datasrc="#xmldata" datafld="被绑定 XML 标记名称"> </label>
<marquee datasrc="#xmldata" datafld="被绑定 XML 标记名称"> </marquee>
<button datasrc="#xmldata" datafld="被绑定 XML 标记名称"> </button>
<div datasrc="#xmldata" datafld="被绑定 XML 标记名称"> </div>
```

下面通过例 8-4(ch8-3.htm)来介绍绑定单个记录的 XML 文档的方法。

【例 8-4】

```
[1]   <html>
[2]   <head>
[3]   <title>绑定单个记录的 XML 文档</title>
[4]   </head>
[5]   <body>
[6]   <xml id="xmldata">
[7]   <?xml version="1.0" encoding="GB2312"?>
[8]   <职工列表>
[9]     <职工>
[10]      <职工编号>001</职工编号>
[11]      <姓名>张晓迪</姓名>
[12]      <性别>女</性别>
[13]      <部门>销售部</部门>
[14]      <联系电话>13912345678</联系电话>
[15]     </职工>
[16]   </职工列表>
[17]   </xml>
[18]   <h1>职工基本信息</h1>
[19]   <span>职工编号:</span>
[20]   <span datasrc="# xmldata" datafld="职工编号"> </span> <br/>
[21]   <span>职工姓名:</span>
[22]   <label datasrc="# xmldata" datafld="姓名"> </label> <br/>
[23]   <span>职工性别:</span>
[24]   <marquee datasrc="# xmldata" datafld="性别"> </marquee> <br/>
[25]   <span>所在部门:</span>
[26]   <button datasrc="# xmldata" datafld="部门"> </button> <br/>
[27]   <span>联系电话:</span>
[28]   <div datasrc="# xmldata" datafld="联系电话"> </div> <br/>
[29]   </body>
[30]   </html>
```

在这个例子中,使用了五种 HTML 标记与 XML 文档的元素链接,实现了不同的显示效果。显示结果如图 8-3 所示。

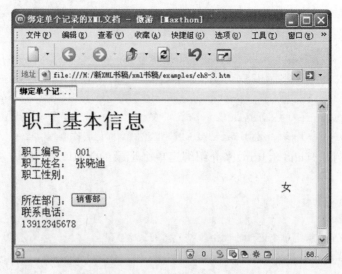

图 8-3   绑定单个记录 XML 文档的网页

使用上面所讲的标记比较容易,因为被绑定的属性都为"innerHTML、innerText"。接下来以标记"a"为例,讲解被绑定的属性不为"innerHTML、innerText"时的使用方法。使用标记"a"来绑定 XML 文档的语法结构如下所示:

```
< a datasrc="# xmldata" datafld="被绑定 XML 标记名称"> </a>
```

看起来,语法结构同上面的没有什么区别,不过这时 XML 元素中的内容并没有显示到页面上,而是取出 XML 元素的内容赋值给标记"a"的 href 属性。下面来看一个例子,学习使用标记"a"来链接 XML 文档。程序内容如例 8-5(ch8-4. htm)所示。

【例 8-5】

```
[1]    <html>
[2]    <head>
[3]    <title>超链接</title>
[4]    </head>
[5]    <body>
[6]    <xml id="xmldata">
[7]    <? xml version="1.0" encoding="GB2312"?>
[8]    <超链接>
[9]      <链接>
[10]       <地址>ch8-3.htm</地址>
[11]       <显示>张晓迪的个人信息</显示>
[12]      </链接>
[13]    </超链接>
[14]    </xml>
[15]    < span>超链接演示:</span>
[16]    < a datasrc="# xmldata" datafld="地址">
[17]    < span datasrc="# xmldata" datafld="显示"> </span>
[18]    </a>
```

```
[19]    </body>
[20]    </html>
```

ch8-4.htm 的运行结果如图 8-4 所示。

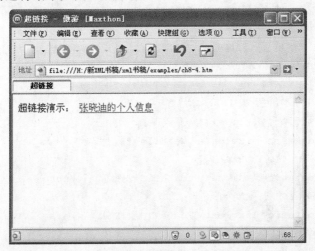

图 8-4　标记"a"链接示例

通过图 8-4 可以看出,网页上显示的信息为 XML 中元素"显示"的内容,而标记"a"中链接的 XML 元素"地址"并没有显示出来。当我们单击蓝色带有下划线的"张晓迪的个人信息"时就会链接到图 8-3 的显示页面。

8.2.2　绑定多个记录的 XML 文档

通过上面所学的标记,绑定单个记录并进行显示很容易就能做到,但是一般来说,XML 文档是用来存放数据的,通常情况下都需要存储多个记录,那么怎样才能实现显示多个记录呢? 这时需要使用 DSO 对象提供的方法。DSO 对象的 recordset 成员对象(记录集对象),提供了用于浏览记录的方法,如表 8-2 所示。

表 8-2　　　　　　　　　　　recordset 对象的方法

方　法	作　用
MoveFirst	显示第一条记录
MovePrevious	显示上一条记录
MoveNext	显示下一条记录
MoveLast	显示最后一条记录
Move	显示指定编号的记录(从 0 开始)

使用 recordset 对象的方法一般需要在页面中加入按钮,通过按钮的 onclick 属性来调用 recordset 对象的方法,以实现显示第一条记录、最后一条记录、当前记录的上一条记录或者下一条记录。使用 recordset 对象的方法来绑定多个记录的 XML 文档的方法如例 8-6(ch8-5.htm)所示。

【例 8-6】

```
[1]    <html>
[2]    <head>
[3]    <title>绑定多个记录的 XML 文档</title>
[4]    </head>
[5]    <body>
[6]    <xml id="xmldata" src="ch8-1.xml">
[7]    </xml>
[8]    <h1>职工基本信息</h1>
[9]    <span>职工编号:</span>
[10]   <span datasrc="#xmldata" datafld="职工编号"> </span> <br/>
[11]   <span>职工姓名:</span>
[12]   <span datasrc="#xmldata" datafld="姓名"> </span> <br/>
[13]   <span>职工性别:</span>
[14]   <span datasrc="#xmldata" datafld="性别"> </span> <br/>
[15]   <span>所在部门:</span>
[16]   <span datasrc="#xmldata" datafld="部门"> </span> <br/>
[17]   <span>联系电话:</span>
[18]   <span datasrc="#xmldata" datafld="联系电话"> </span> <br/>
[19]   <button onclick="xmldata.recordset.MoveFirst()">第一条</button>
[20]   <button onclick="if(!(xmldata.recordset.BOF))
[21]   {
[22]   xmldata.recordset.MovePrevious();
[23]   }
[24]   else
[25]   {
[26]   xmldata.recordset.MoveLast();}">上一条</button>
[27]   <button onclick="if(!(xmldata.recordset.EOF))
[28]   {
[29]   xmldata.recordset.MoveNext();
[30]   }
[31]   else
[32]   {
[33]   xmldata.recordset.MoveFirst();}">下一条</button>
[34]   <button onclick="xmldata.recordset.MoveLast()">最后一条</button>
[35]   </body>
[36]   </html>
```

在上例中使用的是链接外部 XML 文档的方法,引用的外部文档为 ch8-1. xml。id＝"xmldata"中的"xmldata"用来定义标识 XML 的 DSO 对象。通过按钮的 onclick 属性来调用不同的方法,对多条记录进行不同的处理。但是如果当前的记录指针已经指向首记录或已经指向尾记录的时候,就无法对记录进行移动到上一条记录或移动到下一条记录的操作。这时需要我们编写代码实现循环移动。上例的运行结果如图 8-5 所示。

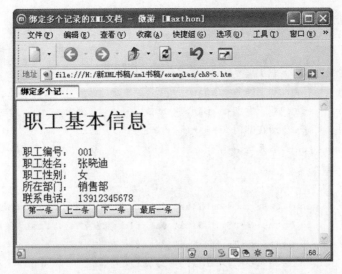

图 8-5　绑定多个记录 XML 文档的网页

 通过前面的学习可以看到,绑定多条记录时并不能同时显示,每次操作都是显示一条记录,那么能不能同时显示出来呢?答案是肯定的,这时可以使用表格显示 XML 文档,那么如何使用表格显示 XML 文档呢? 如何实现嵌套呢?

8.3　使用表格显示 XML 文档

使用以前讲过的方法虽然可以显示 XML 文档的所有内容,但是一页中只能显示一条记录,显示其他的记录需要我们单击按钮一条一条地移动,这样用起来很麻烦,不能直观地找到所需要的内容。而对于数据内容较多的情况,我们习惯上将其放到表格中。

8.3.1　使用简单表格显示 XML 文档

下面通过例 8-7(ch8-6.htm)来演示使用简单表格显示 XML 文档的方法。

【例 8-7】

```
[1]    <html>
[2]    <head>
[3]    <title>使用表格显示 XML 文档</title>
[4]    </head>
[5]    <body>
[6]    <xml id="xmldata" src="ch8-1.xml">
[7]    </xml>
```

```
[8]    < h1 align="center">职工基本信息</h1>
[9]    < table datasrc="# xmldata" border="1" align="center">
[10]   < thead>
[11]     < th> < span>职工编号</span> </th>
[12]     < th> < span>职工姓名</span> </th>
[13]     < th> < span>职工性别</span> </th>
[14]     < th> < span>所在部门</span> </th>
[15]     < th> < span>联系电话</span> </th>
[16]   </thead>
[17]   <tr>
[18]   <td> < span datasrc="#xmldata" datafld="职工编号"> </span> </td>
[19]   <td> < span datasrc="#xmldata" datafld="姓名"> </span> </td>
[20]   <td> < span datasrc="#xmldata" datafld="性别"> </span> </td>
[21]   <td> < span datasrc="#xmldata" datafld="部门"> </span> </td>
[22]   <td> < span datasrc="#xmldata" datafld="联系电话"> </span> </td>
[23]   </tr>
[24]   </table>
[25]   </body>
[26]   </html>
```

通过上例可以看出，使用表格来显示 XML 文档的方法就是使用 HTML 标记显示表格，而表格的内容则是通过 span 标记与 XML 文档的相应元素进行绑定的。这是因为表格不能直接与 XML 文档元素进行绑定，所以需要通过前面讲的方法进行转换。

需要注意的是，上例中<thead>标记不能用<tr>标记替换，如果替换的话，就会在每一条记录的前面都出现一个表头内容。而<th>标记则可以用<td>替换，不影响最终的结果。ch8-6.htm 的运行结果如图 8-6 所示。

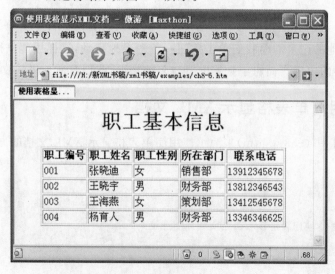

图 8-6 使用简单表格显示 XML 文档

8.3.2　使用嵌套表格显示 XML 文档

有些时候,需要对数据进行分类,比如说将职工按年龄分类,而每一类中还有很多元素,这时就可以使用嵌套表格。使用嵌套表格显示 XML 文档如例 8-8(ch8-2.xml)所示。

【例 8-8】

```
[1]   <?xml version="1.0" encoding="GB2312"?>
[2]   <职工列表>
[3]     <分类>
[4]       <年龄>32</年龄>
[5]       <职工>
[6]         <职工编号>001</职工编号>
[7]         <姓名>张晓迪</姓名>
[8]         <性别>女</性别>
[9]         <部门>销售部</部门>
[10]        <联系电话>13912345678</联系电话>
[11]       </职工>
[12]       <职工>
[13]         <职工编号>002</职工编号>
[14]         <姓名>王晓宇</姓名>
[15]         <性别>男</性别>
[16]         <部门>财务部</部门>
[17]        <联系电话>13812346543</联系电话>
[18]       </职工>
[19]       <职工>
[20]         <职工编号>003</职工编号>
[21]         <姓名>王海燕</姓名>
[22]         <性别>女</性别>
[23]         <部门>策划部</部门>
[24]        <联系电话>13412545678</联系电话>
[25]       </职工>
[26]       <职工>
[27]         <职工编号>004</职工编号>
[28]         <姓名>杨育人</姓名>
[29]         <性别>男</性别>
[30]         <部门>财务部</部门>
[31]        <联系电话>13346346625</联系电话>
[32]       </职工>
[33]     </分类>
[34]     <分类>
[35]       <年龄>41</年龄>
[36]       <职工>
```

```
[37]        <职工编号>005</职工编号>
[38]        <姓名>许莉莉</姓名>
[39]        <性别>女</性别>
[40]        <部门>销售部</部门>
[41]        <联系电话>15965328514</联系电话>
[42]      </职工>
[43]      <职工>
[44]        <职工编号>006</职工编号>
[45]        <姓名>冯春辉</姓名>
[46]        <性别>男</性别>
[47]        <部门>财务部</部门>
[48]        <联系电话>13625894521</联系电话>
[49]      </职工>
[50]      <职工>
[51]        <职工编号>007</职工编号>
[52]        <姓名>李晓红</姓名>
[53]        <性别>女</性别>
[54]        <部门>策划部</部门>
[55]        <联系电话>13416548265</联系电话>
[56]      </职工>
[57]    </分类>
[58]    <分类>
[59]    <年龄>58</年龄>
[60]      <职工>
[61]        <职工编号>008</职工编号>
[62]        <姓名>赵志国</姓名>
[63]        <性别>女</性别>
[64]        <部门>销售部</部门>
[65]        <联系电话>13888658898</联系电话>
[66]      </职工>
[67]    </分类>
[68]  </职工列表>
```

　　这个 XML 文档中含有 4 层元素,使用表格时根据子元素"分类"的个数来创建表格的行数。如果需要使用嵌套表格,原来的 HTML 标记 <thead> 则要用<tr>来替换,这样在每一个内部表格的上面才会分别出现一个表头,否则的话表头只能出现一次。使用嵌套表格显示 XML 文档的方法如例 8-9(ch8-7.htm)所示。

　　【例 8-9】

```
[1]  <html>
[2]  <head>
[3]  <title>使用嵌套表格显示数据</title>
[4]  </head>
```

```
[5]    <body>
[6]    <xml id="xmldata" src="ch8-2.xml">
[7]    </xml>
[8]    <h1 align="center">职工基本信息</h1>
[9]    <table datasrc="# xmldata" border="1" align="center" cellpadding="3">
[10]   <tr>
[11]      <th> <span>职工年龄:</span> <span datafld="年龄"> </span> </th>
[12]   </tr>
[13]   <tr>
[14]      <td>
[15]      <table datasrc="# xmldata" datafld="职工" border="1" align="center">
[16]      <thead>
[17]        <th> <span>职工编号</span> </th>
[18]        <td> <span>职工姓名</span> </td>
[19]        <td> <span>职工性别</span> </td>
[20]        <td> <span>所在部门</span> </td>
[21]        <td> <span>联系电话</span> </td>
[22]      </thead>
[23]      <tr>
[24]        <td> <span datafld="职工编号"> </span> </td>
[25]        <td> <span datafld="姓名"> </span> </td>
[26]        <td> <span datafld="性别"> </span> </td>
[27]        <td> <span datafld="部门"> </span> </td>
[28]        <td> <span datafld="联系电话"> </span> </td>
[29]      </tr>
[30]      </table>
[31]      </td>
[32]   </tr>
[33]   </table>
[34]   </body>
[35]   </html>
```

ch8-7.htm 的运行结果如图 8-7 所示。

如果一个表格中的 XML 数据记录太多,那么显示起来可能不会太美观,操作也很麻烦,如何使用数据岛对表格进行分页呢?

图 8-7　使用嵌套表格显示 XML 文档

8.4　分页显示 XML 文档

在计算机的 QQ 安装软件中搜索的时候,可以找到很多 XML 文件,这些 XML 文件中存放着 QQ 的场景信息、下载信息、皮肤信息等。当我们打开这些文件的时候,会发现里面有很多数据,如果使用表格来显示这些数据,则需要上千行的表格。在浏览器的页面中显示这些数据就需要我们使用滚动条,但是使用滚动条很容易找错位置,如何解决这个问题呢? 学过 HTML 的人可能会想到使用<table>标记的方法进行分页显示。同样的,使用表格来显示 XML 文档的内容也可以采用这种方法。接下来介绍分页显示 XML 文档的步骤。

1. 将被联结的<table>标记的 datapagesize 属性设定成希望一次显示的记录条数。例如希望在浏览器中一次看到 5 条记录,如下面的标记所示:

```
[1]  <table datapagesize="5">
```

2. 为<table>标记的 ID 属性指定唯一的识别代码,如下面的标记所示:

```
[1]  <table ID="xmlemployee" datapagesize="5">
```

3. 指定数据源,如下面的标记所示:

```
[1]  <table datasrc="xmldata" ID="xmlemployee" datapagesize="5">
```

　　4.若想实现分页功能,还需要响应<table>标记的方法。<table>标记的方法如表 8-3 所示:

表 8-3 　　　　　　　　　　　**<table>标记的方法**

方　　法	作　　用
firstPage	显示第一页
lastPage	显示最后一页
nextPage	显示下一页
previousPage	显示前一页

　　例如在按钮中实现显示下一页的功能代码如下所示:

```
[1]   <button onclick="xmlemployee.nextPage()">下一页</button>
```

　　需要注意的是,当记录已经显示到第一页的时候,方法 previousPage 将被忽略,而当记录已经显示到最后一页的时候,方法 nextPage 将被忽略。接下来看一个使用表格进行分页显示 XML 文档的例子。如例 8-10(ch8-8.htm)所示。

【例 8-10】

```
[1]   <html>
[2]   <head>
[3]   <title> 分页显示 XML 数据</title>
[4]   </head>
[5]   <body>
[6]   <xml id="xmldata" src="ch8-1.xml">
[7]   </xml>
[8]   <h1 align="center">职工基本信息</h1>
[9]   <center>
[10]     <button onclick="employee.firstPage()">第一页</button>
[11]     <button onclick="employee.previousPage()">上一页</button>
[12]     <button onclick="employee.nextPage()">下一页</button>
[13]     <button onclick="employee.lastPage()">最后一页</button>
[14]   </center>
[15]   <table datasrc="# xmldata" ID="employee" datapagesize="3" border="1" align=
[16]   "center" cellpadding="3">
[17]   <thead>
[18]     <th> <span>职工编号</span> </th>
[19]     <td> <span>职工姓名</span> </td>
[20]     <td> <span>职工性别</span> </td>
[21]     <td> <span>所在部门</span> </td>
[22]     <td> <span>联系电话</span> </td>
[23]   </thead>
[24]   <tr>
[25]     <td> <span datafld="职工编号"> </span> </td>
[26]     <td> <span datafld="姓名"> </span> </td>
```

```
[27]        <td> <span datafld="性别"> </span> </td>
[28]        <td> <span datafld="部门"> </span> </td>
[29]        <td> <span datafld="联系电话"> </span> </td>
[30]    </tr>
[31]    </table>
[32]    </body>
[33]    </html>
```

ch8-8.htm 的运行结果如图 8-8 所示。

图 8-8　分页显示 XML 文档

 前面介绍的都是使用 HTML 标记绑定 XML 元素,但是在 XML 文档中还可能会出现属性,那么如何绑定 XML 元素的属性呢?

8.5　绑定 XML 元素的属性

　　前面所使用的 XML 文档中都不包含属性,如果元素含有属性的话,使用前面的方法就无法正常显示数据,但是不会提示出现错误。QQ 的安装程序中包含很多 XML 文件,这些 XML 文件的元素基本上都包含很多属性,可以看出属性的使用在 XML 中是很重要的。本节的内容是如何显示 XML 元素的属性。XML 元素的属性可分为非底层元素包含的属性和底层元素包含的属性,它们的显示方法各不相同。

1.非底层元素包含属性

既然提到了非底层元素包含属性,那么首先创建一个含有属性的 XML 文档。新创建的 XML 文档如例 8-11(ch8-3.xml)所示。

【例 8-11】

```
[1]    <?xml version="1.0" encoding="GB2312"?>
[2]    <职工列表>
[3]      <分类 年龄="32">
[4]      <职工>
[5]        <职工编号>001</职工编号>
[6]        <姓名>张晓迪</姓名>
[7]        <性别>女</性别>
[8]        <部门>销售部</部门>
[9]        <联系电话>13912345678</联系电话>
[10]     </职工>
[11]     ......
[12]      </分类>
[13]      <分类 年龄="41">
[14]      <职工>
[15]        <职工编号>005</职工编号>
[16]        <姓名>许莉莉</姓名>
[17]        <性别>女</性别>
[18]        <部门>销售部</部门>
[19]        <联系电话>15965328514</联系电话>
[20]     </职工>
[21]     ......
[22]      </分类>
[23]      <分类 年龄="58">
[24]      <职工>
[25]        <职工编号>008</职工编号>
[26]        <姓名>赵志国</姓名>
[27]        <性别>女</性别>
[28]        <部门>销售部</部门>
[29]        <联系电话>13888658898</联系电话>
[30]     </职工>
[31]      </分类>
[32]    </职工列表>
```

显示 XML 元素属性的方法和显示一个子元素的方法是相同的。也就是说访问<分类>的子元素<年龄>和访问<分类>的属性"年龄"的方法是一样的。因此针对上面的程序可以使用 ch8-7.htm 文件来访问,只要将其中的<xml id="xmldata" src="ch8-2.xml">改成<xml id="xmldata" src="ch8-3.xml">即可。程序的运行结果如图 8-7 所示。

2. 底层元素包含属性

如果 XML 文档中的底层元素包含属性的话，那么在引用底层元素的内容的时候，需要给"datafld"属性赋值为"$text"。而引用底层元素的属性时给"datafld"属性赋值为引用属性的名称。下面是一个底层元素含有属性的 XML 文档，如例 8-12(ch8-4.xml)所示。

【例 8-12】

```
[1]    <?xml version="1.0" encoding="GB2312"?>
[2]    <职工列表>
[3]      <职工>
[4]        <职工编号>001</职工编号>
[5]        <姓名 职称="工程师">张晓迪</姓名>
[6]        <性别>女</性别>
[7]        <部门>销售部</部门>
[8]        <联系电话>13912345678</联系电话>
[9]      </职工>
[10]     <职工>
[11]       <职工编号>002</职工编号>
[12]       <姓名 职称="高级工程师">王晓宇</姓名>
[13]       <性别>男</性别>
[14]       <部门>财务部</部门>
[15]       <联系电话>13812346543</联系电话>
[16]     </职工>
[17]     ......
[18]   </职工列表>
```

通过网页显示该 XML 文档的元素内容和属性的 HTML 代码如例 8-13(ch8-9.htm)所示。

【例 8-13】

```
[1]    <html>
[2]    <head>
[3]    <title>显示 XML 元素和属性</title>
[4]    </head>
[5]    <body>
[6]    <xml id="xmldata" src="ch8-4.xml">
[7]    </xml>
[8]    <h1 align="center">职工基本信息</h1>
[9]    <table datasrc="# xmldata" border="1" align="center" cellpadding="3">
[10]   <thead>
[11]       <th> <span>职工编号</span> </th>
[12]       <td> <span>职工姓名</span> </td>
[13]       <td> <span>职工性别</span> </td>
[14]       <td> <span>所在部门</span> </td>
```

```
[15]        <td> <span>联系电话</span> </td>
[16]    </thead>
[17]    <tr>
[18]        <td> <span datafld="职工编号"> </span> </td>
[19]        <td>
[20]        <table datasrc="# xmldata" datafld="姓名"> <tr> <td> <span datafld=
[21]        "$text"> /span> </td> </tr> </table>
[22]        <table datasrc="# xmldata" datafld="姓名"> <tr> <td> <span datafld="职称">
[23]        </span> </td> </tr> </table>
[24]        </td>
[25]        <td> <span datafld="性别"> </span> </td>
[26]        <td> <span datafld="部门"> </span> </td>
[27]        <td> <span datafld="联系电话"> </span> </td>
[28]    </tr>
[29]    </table>
[30]    </body>
[31] </html>
```

ch8-9.htm 的运行结果如图 8-9 所示。

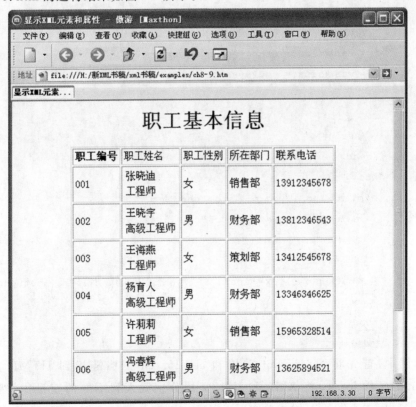

图 8-9　显示 XML 元素内容和数据

如果已有一个 XSL 样式单和一个 XML 文档,如何使用数据岛的方法显示样式单的转换结果呢?

8.6 用 DSO 和 XSL 切换样式

除了可以使用上面的方法显示 XML 元素和属性的内容外,还可以使用 DSO 将 XML 文档和 XSL 文档链接起来,按照 XSL 提供的样式来显示 XML 元素和属性。具体使用方法如例 8-14(ch8-10.htm)所示。

【例 8-14】

```
[1]   <html>
[2]    <head>
[3]     <title> 使用 DSO 和 XSL 切换样式</title>
[4]     < script language="javascript">
[5]      function load()
[6]      {
[7]       var xmldso= employeexml.XMLDocument;
[8]       var xsldso= employeexsl.XMLDocument;
[9]       divResults.innerHTML= xmldso.transformNode(xsldso);
[10]      }
[11]     </script>
[12]    </head>
[13]    <body>
[14]    < xml id="employeexml" src="ch6-2.xml"/>
[15]    < xml id="employeexsl" src="ch6-15.xsl"/>
[16]     <div id="divResults"/>
[17]     <center>
[18]      < button onclick="load()"> 使用 DSO 和 XSL 切换样式</button>
[19]     </center>
[20]    </body>
[21]   </html>
```

在上例中,首先将 ch6-2.xml 文档和 ch6-15.xsl 文档链接到 HTML 文档中, JavaScript 的函数 load()将 XML 和 XSL 文档分别载入到不同的变量中,然后使用 transformNode 方法将 XSL 样式单应用于 XML 文档,执行这个 HTML 程序,运行结果如图 8-10 所示。

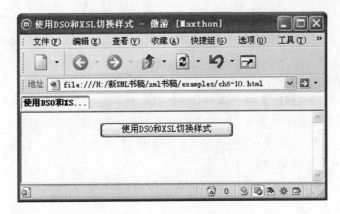

图 8-10 ch8-10.htm 的运行结果

单击网页中的按钮,执行转换功能,运行结果如图 6-15 所示。

8.7 本章总结

本章讲述了使用数据岛显示 XML 文档数据的方法,给出了数据岛的定义。介绍了绑定 XML 元素和属性的方法。属性出现的位置不同,其绑定方式也不同。根据以往网页显示数据的习惯,具体给出了使用表格显示 XML 文档数据的方法。根据 XML 文档元素的层数多少,可以使用简单表格显示数据,也可以使用嵌套表格显示数据。如果层数过多的话,也可以继续嵌套。由于网页的可视页面有限,查看数据不是很方便,因此提出了分页显示数据的方法,并给出了具体示例。

8.8 习 题

一、选择题

1. XML 数据岛绑定于标签( )之间。

A. <data></data>   B.

C. <body></body>   D.

2. 如果( ),则 EOF 属性返回 true。

A. 当前记录为第一条记录

B. 当前记录为最后一条记录

C. 当前记录位于最后一条记录之前

D. 当前记录是最后一条记录之后的下一条记录

3. 以下方法( )可以用于移动当前记录的位置。

A. MoveNext   B. MovePrevious

C. Move   D. MoveLast

4. 以下( )HTML 标记不能绑定 XML 元素。

A. a   B. label   C. h2   D. span

5.使用表格分页显示 XML 文档时,需要设置 table 标记的(   )属性。

A. datasrc   B. datafld   C. ID   D. datapagesize

二、填空题

1.使用数据岛时,xml 标记的(   )属性是必需的。

2.使用表格显示 XML 文档内容时,table 标记的(   )属性是必需的。

3.使用分页表格显示数据时,若想实现翻页功能,应指定 table 标记的(   )属性。

4.显示上一页的方法为(   ),下一页的方法为(   ),第一页的方法为
(   ),最后一页的方法为(   )。

5.对表格进行翻页的方法是(   )大小写的。

三、编程题

1.使用 DSO 显示与表 2-2 相对应的 XML 文档。

2.使用 DSO 的分页表格显示 2-2 相对应的 XML 文档,每页显示一行数据。

第9章　XML与数据交换

本章学习要点

◇ 熟练掌握 XML 的三层结构
◇ 掌握 XML 数据交换的几种类型
◇ 熟练掌握 FOR XML 子句可以指定的几种模式
◇ 应用各种模式进行数据交换
◇ 掌握如何使用 ADO 进行数据交换

本章主要介绍 XML 数据交换机制以及数据存取机制的基本内容及数据交换的类型，重点介绍 SQL Server 2008 对 XML 技术的支持，以及 XML 与 SQL Server 2008 间数据交换技术。

XML 的一个重要用途就是数据交换，可以在不同的应用程序之间交换数据。那么数据交换的基本概念是什么？有几种数据交换类型呢？

9.1　数据交换基本概念

XML 可以分为三层结构，即数据表现层、数据组织层和数据交换层。数据表现层即 XML 的数据显示，可以使用 CSS 或 XSL 格式化 XML，也可以使用 DOM 访问 XML，还可以使用数据岛显示 XML；数据组织层即 XML 的数据结构，可以使用 DTD 定义或 Schema 定义；数据交换层即在不同环境下不同应用程序间传递数据，XML 是一种具有固定格式的文本文件，因此只要是能够访问文本文件的开发语言就都能处理 XML 文件，从而在不同应用程序间传递数据，XML 允许为特定的应用制定特殊的数据格式，因此非常适合于在服务器与服务器之间传送结构化数据。

从应用的角度看，XML 信息交换大致可分为下面几种类型：数据发布、数据集成和交易自动化。

1. 数据发布

数据库尤其是传统的关系数据库仍然是存储数据的主要手段，是 Internet 信息的一个主要来源。但是数据库中的数据并不能直接在 Internet 上传播,需要通过适当的数据载体才可实现,而 XML 则可以说是目前最适合在 Internet 上使用的数据载体。XML 的出现,使人们只要制作和管理同一信息资源,就能够达到多种媒介出版和多种方式发布的目的。

2. 数据集成

如果说数据发布涉及的是服务器-浏览器形式的数据交换,那么,数据集成则是一种服务器-服务器之间的数据交换。例如,××学校中有图书管理系统、上下班打卡系统、设备管理系统、工资管理系统、教学管理系统等。而各个系统是在不同的时间由不同的软件公司、项目组或教师开发的,采用的技术也不尽相同,运行于不同的平台。但是学校的运作是一个整体,需要各个系统相互配合,于是应用系统间的数据交换接口就成为困扰信息学校管理人员和项目开发人员的一大难题。当 XML 出现之后,这一难题才逐步得到解决。

3. 交易自动化

XML 有助于提高应用的自动化程度。遵循共同的标准,使得应用程序开发商开发出具有一定自动处理能力的代理程序,从而提高工作效率。一个典型的应用是,买家向某电子商务交易系统发出一个产品资料查询请求,在得到应答后,自动连接答复中提供的所有产品站点,并对获取到的不同产品针对价格、质量等信息按一定的规则进行比较,找到理想的产品,并自动向该产品的卖家下订单。

 可以使用数据库中的 FOR XML 进行数据交换。那么 FOR XML 子句可以指定几种模式?每种模式应如何使用?

9.2　使用 FOR XML 实现数据交换

SQL Server 中的数据若想以 XML 的格式返回,则需要使用 FOR XML 子句。在 FOR XML 子句中,需指定以下模式之一:

1. RAW 模式

RAW 模式将为 SELECT 语句所返回行集中的每行生成一个<row>元素。可以通过编写嵌套 FOR XML 查询来生成 XML 层次结构。

2. AUTO 模式

AUTO 模式将基于指定 SELECT 语句的方式来使用试探性方法在 XML 结果中生成嵌套。程序员对生成的 XML 的形状具有最低限度的控制能力。除了 AUTO 模式的试探性方法生成的 XML 形状之外,还可以编写 FOR XML 查询来生成 XML 层次结构。

3. EXPLICIT 模式

EXPLICIT 模式允许对 XML 的形状进行更多控制。程序员可以随意混合属性和元素来确定 XML 的形状。不过执行查询而生成的结果行集需要具有特定的格式，此行集格式随后将映射为 XML 形状。

4. PATH 模式

PATH 模式与嵌套 FOR XML 查询功能一起以较简单的方式提供了 EXPLICIT 模式的灵活性。

9.2.1　数据交换网站

以查询 SQL Server 2008 ReportServer 数据库 Roles 表内容为例。使用 Visual Stdio 2008 创建网站 WebXML，设计 Default.aspx 页面，源码如例 9-1 所示。

【例 9-1】

```
[1]   <body>
[2]     <form id="form1" runat="server">
[3]     <div>
[4]       Roles 查询系统<br />
[5]       <br />
[6]       请输入查询命令:<asp:TextBox ID="TextBox1" runat="server" Width= "712px"
[7]       </asp:TextBox> <br /> <br />
[8]       <asp:Button ID="btnSelect" runat="server" onclick="btnSelect_Click"
[9]           Text="使用 ADO 查询" />
[10]      <br />
[11]      <br />
[12]      <asp:Button ID="btnForxml" runat="server" onclick="btnForxml_Click"
[13]          Text="使用 For XML 查询" />
[14]    </div>
[15]    </form>
[16]  </body>
```

上面的代码为 body 标记中的代码，主要添加了一个文本框和两个按钮控件，文本框控件用来输入查询的 SQL 命令，两个按钮分别负责跳转到"使用 ADO 查询"和"使用 For XML 查询"页面，其中的 SQL 命令会作为参数传递到跳转之后的页面。

页面的后置代码如例 9-2 所示。

【例 9-2】

```
[1]   using System.Xml.Linq;
[2]   public partial class _Default : System.Web.UI.Page
[3]   {
[4]       protected void Page_Load(object sender, EventArgs e)
[5]       {
[6]
[7]       }
[8]       protected void btnSelect_Click(object sender, EventArgs e)
[9]       {
```

```
[10]                Response.Redirect("showXML.aspx? sql="+ TextBox1.Text.Trim());
[11]        }
[12]    protected void btnForxml_Click(object sender, EventArgs e)
[13]        {
[14]                Response.Redirect("showForXML.aspx? sql=" + TextBox1.Text.Trim());
[15]        }
[16]  }
```

运行 Default. aspx 页面,如图 9-1 所示。

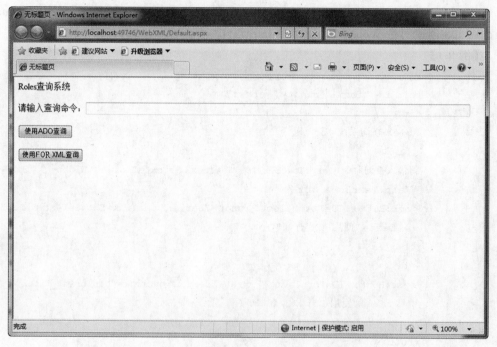

图 9-1　Default. aspx 页面显示

9.2.2　AUTO 模式

在图 9-1 中输入 SQL 查询命令"select ＊ from Roles for xml auto, Elements"后,单击"使用 FOR XML 查询"按钮,跳转到 showForXML. aspx 页面,该页面的源码如下所示。

```
[1]  <% @ Page Language="C#" AutoEventWireup="true" CodeFile="showForXML.
[2]  aspx.cs" Inherits="showForXML" ContentType="text/xml"% >
```

上面的代码比正常自动生成的代码多了一个"ContentType"属性,属性值为"text/xml",作用是设置页面的输出格式,可以省略,但是省略之后在某些阅读器中可能不能正常显示。

showForXML. aspx 页面的后置代码如例 9-3 所示。

【例 9-3】

```
[1]  using System.Xml.Linq;
[2]  using System.Data.SqlClient;
```

```
[3]    public partial class showForXML : System.Web.UI.Page
[4]    {
[5]        protected void Page_Load(object sender, EventArgs e)
[6]        {
[7]            string sql=Request.QueryString["sql"].ToString();
[8]            SqlConnection conn=new SqlConnection( "Data Source= YANGLING-PC;
[9]            Initial Catalog=ReportServer;User ID= sa;Password= 123");
[10]           SqlCommand comm=new SqlCommand(sql, conn);
[11]           conn.Open();
[12]           SqlDataReader sdr=comm.ExecuteReader();
[13]           if (sdr.Read())
[14]           {
[15]               Response.Write("< ? xml
[16]               version='1.0'?> <Roles> "+ sdr[0].ToString()+ "</Roles> ");
[17]           }
[18]           sdr.Close();
[19]           conn.Close();
[20]        }
[21]    }
```

上面代码中的第 2 行为引入"System. Data. SqlClient"命名空间,如果不引入这个命名空间,则以"Sql"开头的几个类都不能使用。第 7 行为获取 URL 中传递过来的 SQL 命令。第 8 行为创建数据库连接类的实例。第 10～12 行为打开数据库连接并执行 SQL 命令。如果查询出来的 XML 有数据,则执行第 15～16 行,这两行的功能是为 XML 添加声明语句和根元素。

showForXML. aspx 页面的运行效果如图 9-2 所示。

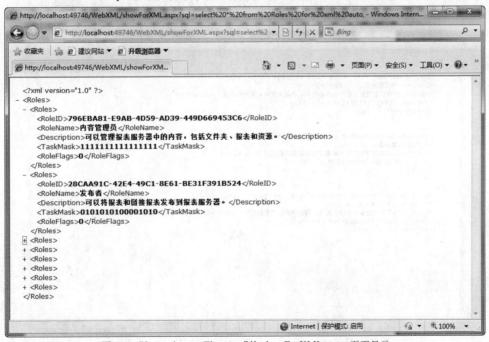

图 9-2　"for xml auto,Elements"的 showForXML. aspx 页面显示

在上图中传递过来的 SQL 命令为"select ＊ from Roles for xml auto，Elements"，其中的"Elements"只允许用在 FOR XML 的 RAW、AUTO 和 PATH 模式中，查询出来的每行都会自动生成一个＜Roles＞(表名)元素，每一个字段都会自动生成一个以字段名称作为元素名称的元素。如果将 SQL 命令改为"select ＊ from Roles for xml auto"，则每一字段都将作为＜Roles＞元素的属性出现，属性名称以字段名称命名。运行结果如图 9-3 所示。

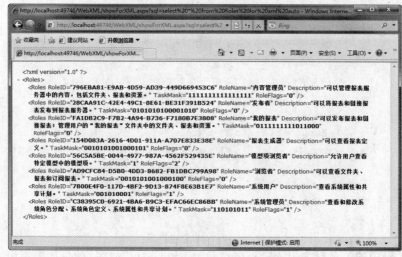

图 9-3　"for xml auto"的 showForXML．aspx 页面显示

9.2.3　RAW 模式

如果将 SQL 命令改为"select ＊ from Roles for xml raw，Elements"，则运行结果如图 9-4 所示。

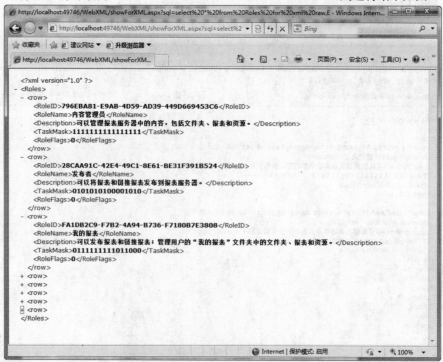

图 9-4　"for xml raw，Elements"的 showForXML．aspx 页面显示

9.2.4　EXPLICIT 模式

如果将 SQL 命令改为"select 1 as tag，null as parent，roleid as［Roles！1！RoleId］，null as［Role！2！RoleName］，null as［Role！2！Description］from Roles union all select 2，1，roleid，rolename，description from Roles order by RoleID，1 for xml EXPLICIT"，其中的"［Roles！1！RoleId］"表示第一层的元素名称为"Roles"，属性名称为"RoleId"，"［Role！2！RoleName］"和"［Role！2！Description］"表示"Roles"的子元素为"Role"，包含两个属性，分别为"RoleName"和"Description"。运行结果如图 9-5 所示。

图 9-5　"for xml EXPLICIT"的 showForXML. aspx 页面显示

并不是所有的查询语句都可以使用 EXPLICIT 模式，必须编写一条按指定的准备顺序返回类似表 9-1 所示结果集的 SQL 查询语句，然后将"for xml EXPLICIT"附加到该查询才能正确运行。

表 9-1　　　　　　　　　　　EXPLICIT 模式应用类似结果集

Tag	Parent	Sname	Cname	Score
1	NULL	李四	NULL	NULL
2	1	李四	Java 语言	67
2	1	李四	C 语言	79

（续表）

Tag	Parent	Sname	Cname	Score
1	NULL	丽丽	NULL	NULL
2	1	丽丽	Java 语言	96
2	1	丽丽	ASP. NET	87
2	1	丽丽	C 语言	78
1	NULL	张三	NULL	NULL
2	1	张三	C 语言	93
2	1	张三	Java 语言	86
2	1	张三	ASP. NET	79

9.2.5 PATH 模式

如果将 SQL 命令改为"select * from Roles for xml path('Role')"，则查询出来的每行都会自动生成＜Role＞标记，每一个字段都会生成以字段名称命名的子元素。PATH 模式的圆括号可以省略，那么自动生成的行标记则为＜Row＞。运行结果如图 9-6 所示。

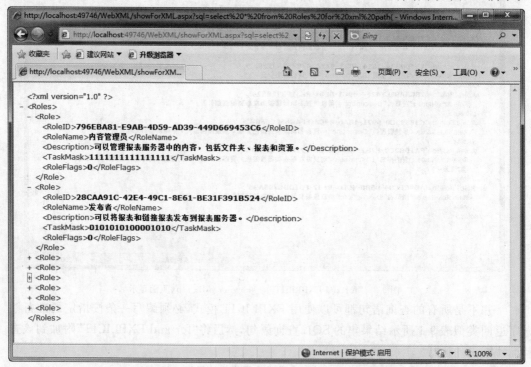

图 9-6 "for xml path('Role')"的 showForXML. aspx 页面显示

 除了可以使用 FOR XML 进行数据交换，还可以使用 ADO 实现数据交换。那么如何使用 ADO 进行数据交换呢?

9.3　使用 ADO 实现数据交换

微软公司的 ADO（ActiveX Data Objects）是一个用于存取数据源的 COM 组件，是 OLEDB 技术的一个主要接口，用于与数据库建立连接。允许开发人员编写访问数据的代码而不用关心数据库是如何实现的。因此在数据库中存储的数据可以通过 ADO 接口转换为 XML 格式数据，再通过数据显示层以一定的格式展示数据。

接下来使用通过 XML 与 ADO 查询应用实例介绍 ADO 实现数据交换的方法。本实例使用上一节的网站 WebXML，在图 9-1 中输入 SQL 命令"select * from Roles where RoleFlags＝0"后，单击"使用 ADO 查询"按钮，跳转到 showXML.aspx 页面。showXML.aspx 页面的源码如例 9-4 所示。

【例 9-4】

```
[1]  <% @ Page Language="C#" AutoEventWireup="true" CodeFile="showXML.aspx.cs"
[2]  Inherits="showXML" ContentType="text/xml"% >
[3]  <asp:repeater id="repeater1" runat="server" datasourceid="RolesXML">
[4]  <HeaderTemplate>
[5]    <?xml version="1.0"?>
[6]    <Roles>
[7]  </HeaderTemplate>
[8]  <ItemTemPlate>
[9]    <role>
[10]     <RoleID> <%#Eval("RoleID")% > </RoleID>
[11]     <RoleName> <%#Eval("RoleName")% > </RoleName>
[12]     <Description> <%#Eval("Description")% > </Description>
[13]    </role>
[14]  </ItemTemPlate>
[15]  <FooterTemplate>
[16]    </Roles>
[17]  </FooterTemplate>
[18]  </asp:repeater>
[19]  <asp:sqldatasource runat="server" id="RolesXML"
[20]    ConnectionString="<% $ ConnectionStrings:ReportServerConnectionString %>"
[21]    SelectCommand="select * from Roles"> </asp:sqldatasource>
```

在上面的代码中，使用了"repeater"控件，因为该页面要显示的是 XML 数据，没有 HTML 内容，"repeater"控件专门用于精确内容的显示，不会自动生成任何用于布局的代码。第 4～7 行为头模板，用于显示 XML 声明和根元素的开始标记。第 8～14 行是项模板，用于绑定"RoleID"、"RoleName"和"Description"字段。第 15～17 行为脚模板，用于显示根元素的结束标记。

showXML.aspx 页面的后置代码如例 9-5 所示。

【例 9-5】

```
[1]    using System.Xml.Linq;
[2]    public partial class showXML:System.Web.UI.Page
[3]    {
[4]        protected void Page_Load(object sender,EventArgs e)
[5]        {
[6]            string sql=Request.QueryString["sql"].ToString();
[7]            RolesXML.SelectCommand=sql;
[8]        }
[9]    }
```

showXML.aspx 页面的运行结果如图 9-7 所示。

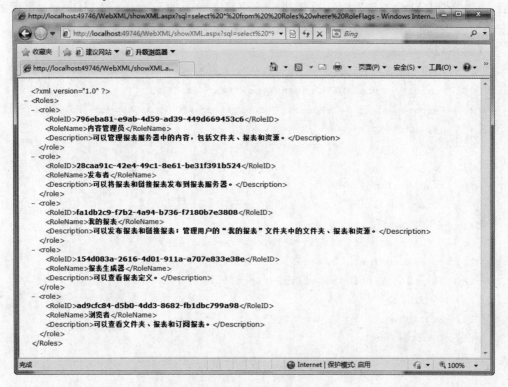

图 9-7　showXML.aspx 页面显示

9.4　本章总结

本章主要介绍了 XML 数据交换以及数据存取机制的基本内容，XML 的三层结构（数据表现层、数据组织层和数据交换层）以及数据交换的三种类型（数据发布、数据集成和交易自动化）。并以实例重点介绍了如何使用 FOR XML 实现数据交换和使用 ADO 实现数据交换。

使用 FOR XML 实现数据交换可分为四种模式，分别为 RAW、AUTO、EXPLICIT、PATH。Elements 元素可应用在 RAW、AUTO 和 PATH 三种模式中。

9.5 习　题

一、选择题

1. XML 数据表现层不可以使用(　　　)。

A. XSL　　　　　B. DOM　　　　　C. CSS　　　　　D. Schema

2. Elements 元素不允许用在(　　　)模式中。

A. RAW　　　　B. AUTO　　　　C. EXPLICIT　　D. PATH

3. 以下哪种模式中自动生成的行标记为表名(　　　)?

A. RAW　　　　B. AUTO　　　　C. EXPLICIT　　D. PATH

4. 以下哪种模式对查询出来的数据有格式要求(　　　)?

A. RAW　　　　B. AUTO　　　　C. EXPLICIT　　D. PATH

二、填空题

1. XML 可以分为三层结构,即(　　　　　)、(　　　　　)和(　　　　　)。

2. XML 信息交换大致可分为(　　　　)、(　　　　)和(　　　　)三种类型。

3. 在 FOR XML 子句中,可以指定(　　　　)、(　　　　)、(　　　　)和
(　　　　)四种模式。

4. (　　　　　)和(　　　　　)模式可以为查询出来的每行数据命名标记。

三、简答题

1. XML 的三层结构及含义是什么?

2. 简述 XML 信息交换的几种类型及含义。

3. 简述 FOR XML 子句可以指定的几种模式及含义。

XML 综合实例

第10章

本章学习要点

◇ 在 ASP.NET 中配置站点文件
◇ 使用 ASP.NET 转换 XML 文件
◇ 为 XML 文件添加结点
◇ 删除 XML 文件中符合条件的结点
◇ 修改 XML 文件中的某个结点
◇ 查询 XML 文件

本章主要使用 ASP.NET 技术对 XML 进行各种操作。ASP.NET 技术是微软 .NET 技术体系最广泛的应用,ASP.NET 专业人才也是当前就业市场最抢手的人才。

10.1　需求分析

某校要用 ASP.NET 和 XML 技术开发一个学生管理系统。主要功能如图 10-1 所示。

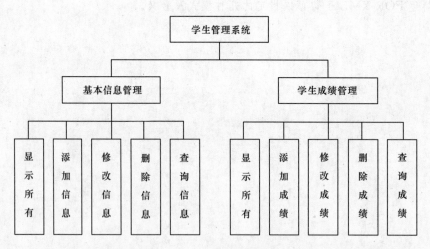

图 10-1　学生管理系统结构

因为学生成绩管理的实现与基本信息管理的实现类似,故本章重点介绍基本信息管理的实现,学生成绩管理部分可由学生独立完成,教师辅导即可。

10.2 XML 文件设计

10.2.1 站点地图设计

网站所有页面的布局均为左右类型,左侧为一个树型菜单,负责链接到各个主要页面,实现整个网站的导航,右侧部分为操作的主体内容。树型菜单使用的是 ASP. NET 中的 TreeView 控件,该控件与站点地图绑定,实现网页的跳转,站点地图文件内容如例 10-1(Web. sitemap)所示。

【例 10-1】

```
[1]   <?xml version="1.0" encoding="utf-8" ?>
[2]   <siteMap xmlns="http://schemas.microsoft.com/AspNet/SiteMap-File-1.0">
[3]     <siteMapNode url="" title="根目录"  description="">
[4]       <siteMapNode url="" title="学生基本信息"  description="" >
[5]         <siteMapNode url="InforList.aspx" title="显示所有"  description="" />
[6]         <siteMapNode url="InforSelect.aspx" title="查询信息"  description="" />
[7]         <siteMapNode url="InforAdd.aspx" title="添加信息"  description="" />
[8]       </siteMapNode>
[9]       <siteMapNode url="" title="学生成绩信息"  description="" >
[10]        <siteMapNode url="ScoreList.aspx" title="显示所有"  description="" />
[11]        <siteMapNode url="ScoreSelect.aspx" title="查询成绩"  description="" />
[12]        <siteMapNode url="ScoreAdd.aspx" title="添加成绩"  description="" />
[13]      </siteMapNode>
[14]    </siteMapNode>
[15]  </siteMap>
```

10.2.2 保存数据的 XML 设计

这个管理系统中主要有两个 XML 文件,第一个用来保存学生基本信息,如例 10-2(Student. xml)所示,第二个用来保存学生成绩信息,可由学生自行设计。

【例 10-2】

```
[1]   <?xml version="1.0" encoding="UTF-8"?>
[2]   <StudentList xmlns:xsi="http://www.w3.org/2001/XMLSchema-instance"
[3]   xsi:noNamespaceSchemaLocation="Student.xsd">
[4]     <Student>
[5]       <StuNo>S001</StuNo>
[6]       <Name>王丽丽</Name>
[7]       <Sex>女</Sex>
[8]       <Birthday>1987-02-03</Birthday>
[9]     </Student>
```

```
[10]    <Student>
[11]     <StuNo>S002</StuNo>
[12]     <Name>张红</Name>
[13]     <Sex>女</Sex>
[14]     <Birthday>1986-05-07</Birthday>
[15]    </Student>
[16]    <Student>
[17]     <StuNo>S003</StuNo>
[18]     <Name>李立国</Name>
[19]     <Sex>男</Sex>
[20]     <Birthday>1986-12-15</Birthday>
[21]    </Student>
[22]   </StudentList>
```

从上面的文件中可以看出,XML 的结构是由 Student. xsd 文件进行控制的,该文件的内容如例 10-3(Student. xsd)所示。

【例 10-3】

```
[1]  <?xml version="1.0" encoding="UTF-8"?>
[2]  <xs:schema xmlns:xs="http://www.w3.org/2001/XMLSchema">
[3]    <xs:element name="StudentList">
[4]     <xs:complexType>
[5]      <xs:sequence maxOccurs="unbounded">
[6]       <xs:element name="Student">
[7]        <xs:complexType>
[8]         <xs:sequence>
[9]          <xs:element name="StuNo" type="xs:ID"/>
[10]          <xs:element name="Name" type="xs:string"/>
[11]          <xs:element name="Sex">
[12]           <xs:simpleType>
[13]            <xs:restriction base="xs:string">
[14]             <xs:enumeration value="男"/>
[15]             <xs:enumeration value="女"/>
[16]            </xs:restriction>
[17]           </xs:simpleType>
[18]          </xs:element>
[19]          <xs:element name="Birthday" type="xs:date"/>
[20]         </xs:sequence>
[21]        </xs:complexType>
[22]       </xs:element>
[23]      </xs:sequence>
[24]     </xs:complexType>
[25]    </xs:element>
[26]  </xs:schema>
```

10.3　样式单设计

在该实例中,XML 数据在网页上的显示主要采用两种实现方法。第一种就是使用 XSL 样式单对 XML 进行转换,如例 10-4(Student. xsl)所示。第二种就是使用 DOM 的方式用脚本实现。

【例 10-4】

```
[1]   <？xml version="1.0" encoding="UTF-8"?>
[2]   <xsl:stylesheet version="1.0" xmlns:xsl="http://www.w3.org/1999/XSL/Transform">
[3]     <xsl:template match="StudentList">
[4]     <html>
[5]       <head>
[6]         <title>
[7]           <xsl:value-of select="标题"/>
[8]         </title>
[9]         <style type="text/css">
[10]            .single{
[11]              background-color:# 99eeaa
[12]            }
[13]            .double{
[14]              background-color:# 99aaee
[15]            }
[16]            .normal{
[17]              background-color:# ee99aa
[18]            }
[19]          </style>
[20]        </head>
[21]        <body>
[22]         <h1 align="center">学生基本信息</h1>
[23]         <table align="center" border="0" cellpadding="0" cellspacing="0"
[24]         width="80%" style="border:solid 1px # 99aad3">
[25]          <tr bgcolor="# 99aad0">
[26]            <th>学号</th>
[27]            <th>姓名</th>
[28]            <th>性别</th>
[29]            <th>出生日期</th>
[30]            <th>详情</th>
[31]          </tr>
[32]          <xsl:for-each select="Student">
[33]            <xsl:if test="position() mod 2= 1">
[34]              <tr class="single" onmouseover="javascript:this.className
```

```
[35]     ='normal'" onmouseout="javascript:this.className='single'">
[36]                 <td> <xsl:value-of select="StuNo"/> </td>
[37]                 <td> <xsl:value-of select="Name"/> </td>
[38]                 <td> <xsl:value-of select="Sex"/> </td>
[39]                 <td> <xsl:value-of select="Birthday"/> </td>
[40]                 <td>
[41]                   <a>
[42]                     <xsl:attribute name="href">InforDetail.aspx?
[43]     stuno= <xsl:value-of select="StuNo"/> </xsl:attribute>
[44]                       详情
[45]                   </a>
[46]                 </td>
[47]             </tr>
[48]             </xsl:if>
[49]             <xsl:if test="position() mod 2= 0">
[50]             <tr class="double" onmouseover="javascript:this.className=
[51]     'normal'" onmouseout="javascript:this.className= 'double'">
[52]                 <td> <xsl:value-of select="StuNo"/> </td>
[53]                 <td> <xsl:value-of select="Name"/> </td>
[54]                 <td> <xsl:value-of select="Sex"/> </td>
[55]                 <td> <xsl:value-of select="Birthday"/> </td>
[56]                 <td>
[57]                   <a>
[58]                     <xsl:attribute name="href">InforDetail.aspx?
[59]     stuno= <xsl:value-of select="StuNo"/> </xsl:attribute>
[60]                       详情
[61]                   </a>
[62]                 </td>
[63]             </tr>
[64]             </xsl:if>
[65]         </xsl:for-each>
[66]         </table>
[67]       </body>
[68]     </html>
[69]   </xsl:template>
[70] </xsl:stylesheet>
```

使用该样式单对 XML 文件转换之后显示为一个表格,单双行为不同的颜色,当鼠标放到某行上之后可以高亮显示该行,表格的最后一列为超链接,单击可进入该条信息的详细信息页面。

10.4　创建网站及母版页设计

前期设计已经完成，接下来就可以着手开发网站了。首先开打 Microsoft Visual Studio 2008 工具，单击"文件—＞新建—＞网站"菜单，在弹出对话框（如图 10-2）中选择"ASP.NET 网站"，单击"浏览"按钮选择路径后，单击"确定"按钮。

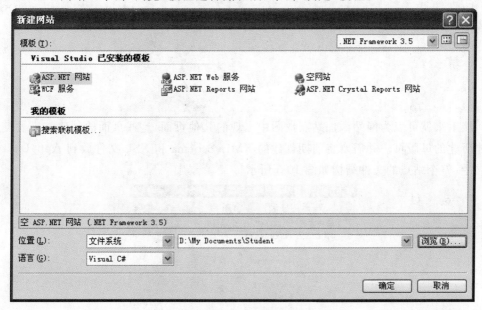

图 10-2　新建网站

由于网站中的所有页面都使用相同的树型菜单，因此网页的布局使用母版页。单击"网站—＞添加新项"菜单，弹出"添加新项"对话框，选择"母版页"，单击"添加"按钮即可在刚才创建的网站中添加"MasterPage.master"母版页，打开母版页，在 body 标签里加入如例 10-5 所示代码。

【例 10-5】

```
[1]   < form id="form1" runat="server">
[2]    < div>
[3]     < div id="menu" style="float:left;width:20% ;">
[4]      < asp:TreeView ID="TreeView1" runat="server"
[5]      DataSourceID="SiteMapDataSource1">
[6]       < DataBindings>
[7]        < asp:TreeNodeBinding DataMember="SiteMapNode"
[8]        NavigateUrlField="Url" TextField="Title" ToolTipField="Description" />
[9]       </DataBindings>
[10]      < Nodes>
[11]       < asp:TreeNode Text="根结点" Value="root">
[12]       </asp:TreeNode>
```

```
[13]          </Nodes>
[14]        </asp:TreeView>
[15]        <asp:SiteMapDataSource ID="SiteMapDataSource1" runat="server" />
[16]      </div>
[17]      <div style="float:left;width:2%;">  </div>
[18]      <div id="content"   style="float:left; width:78%">
[19]        <asp:ContentPlaceHolder id="ContentPlaceHolder2" runat="server">
[20]
[21]        </asp:ContentPlaceHolder>
[22]      </div>
[23]    </div>
[24]  </form>
```

接下来就可以为网站添加站点地图中出现的其他页面，这些页面的创建都需要使用刚才所建的母版页。并需要将前期创建的 XML、Schema 和 XSL 文件放到 App_Data 文件夹中，整个站点的文件结构如图 10-3 所示。

图 10-3　学生信息管理系统网站文件结构

10.5　显示所有学生基本信息

显示所有学生基本信息的页面为"InforList.aspx"，需要在该页面上的 Content 中添加一个 XML 控件，源码如下所示。

```
[1]  <asp:Content ID="Content2"ContentPlaceHolderID="ContentPlaceHolder2"Runat="Server">
[2]      <asp:Xml ID="Xml1" runat="server"> </asp:Xml>
[3]  </asp:Content>
```

接下来的工作就是添加脚本显示所有学生基本信息。在编写脚本之前,首先需要在后置代码(InforList.aspx.cs)中填入如下两个命名空间。

```
[1]  using System.Xml;
[2]  using System.Xml.Xsl;
```

这时就可以添加脚本了,即在页面加载中加入如例 10-6 所示代码即可。

【例 10-6】

```
[1]  protected void Page_Load(object sender, EventArgs e)
[2]  {
[3]      if (! Page.IsPostBack)
[4]      {
[5]          XmlDocument doc = new XmlDocument();
[6]          doc.Load(Server.MapPath(@ "~\App_Data\Student.xml"));
[7]          XslTransform trans = new XslTransform();
[8]          trans.Load(Server.MapPath(@ "~\App_Data\Student.xsl"));
[9]          Xml1.Document=doc;
[10]         Xml1.Transform=trans;
[11]     }
[12] }
```

添加脚本之后在浏览器中浏览该页面,效果如图 10-4 所示。

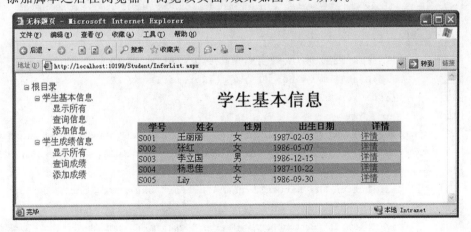

图 10-4　显示所有学生基本信息页面

10.6　学生信息的修改及删除

在图 10-4 中可以看到表格的最后一列是超链接,可以链接到学生基本信息详情页面"InforDetail.aspx",如图 10-5 所示。

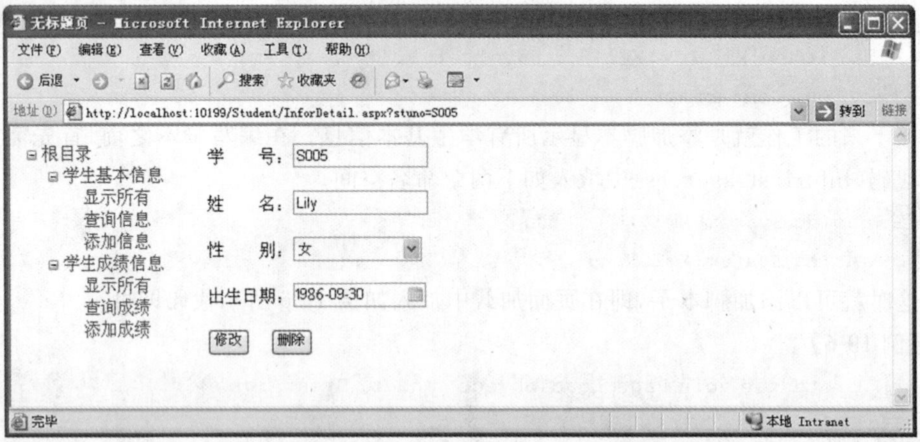

图 10-5 学生基本信息详情

在图 10-5 的页面中修改学生的基本信息后单击"修改"按钮,则可以保存修改,页面跳转到显示所有学生基本信息页面,单击"删除"按钮则会删除该学生的基本信息,删除后页面也会跳转到显示所有学生基本信息页面,查看删除结果。

学生基本信息的详情页面源码如例 10-7 所示。

【例 10-7】

```
[1]    <asp:Content ID="Content2" ContentPlaceHolderID="ContentPlaceHolder2" Runat="Server">
[2]    <p> 学        号:<asp:TextBox ID=
[3]    "TextBox1" runat="server" style="width:120px;"> </asp:TextBox> </asp:Label> </p>
[4]     <p> 姓         名:<asp:TextBox
[5]    ID="TextBox2" runat="server" style="width:120px;"> </asp:TextBox> </asp:Label> </p>
[6]     <p> 性         别:<asp:
[7]    DropDownList ID="DropDownList1" runat="server" style="width:120px;">
[8]        <asp:ListItem Value="男">男</asp:ListItem>
[9]        <asp:ListItem Value="女">女</asp:ListItem>
[10]      </asp:DropDownList>
[11]    </asp:Label> </p>
[12]    <p>出生日期:<asp:TextBox ID="TextBox3" runat="server" class="Wdate" onfocus=
[13]    "new WdatePicker(this)" style="width:120px;" CssClass="Wdate"> </asp:TextBox> </p>
[14]     <p>
[15]       <asp:Button ID="Button1" runat="server" Text="修改" onclick="Button1_
[16]    Click" />     
[17]       <asp:Button ID="Button2" runat="server" Text="删除" onclick="Button2_Click" />
[18]       </p>
[19]    </asp:Content>
```

10.6.1 学生基本信息详情初始化

当页面首次加载时会显示某个学生的详细信息,该生的学号是从 URL 中传递过来的,通过 Request 可以把学号获取出来。因为该学号在修改和删除的时候还会用到,故定义为该类的成员变量,同理保存 XML 文档的 Document 对象也需定义为该类的成员变量,如下所示。

```
[1] XmlDocument doc=new XmlDocument();
[2] string stuno;
```

使用的命名空间前面已经介绍过了,本项目中的其他页面也都需要加入相同的命名空间,在后面就不再介绍了。

页面初始化的后置代码如例 10-8 所示。

【例 10-8】

```
[1]  protected void Page_Load(object sender, EventArgs e)
[2]  {
[3]    stuno=Request.QueryString["stuno"].ToString();
[4]    doc.Load(Server.MapPath(@ "~\App_Data\Student.xml"));
[5]    XmlNodeList list=doc.GetElementsByTagName("Student");
[6]    if (! Page.IsPostBack)
[7]    {
[8]      foreach (XmlNode node in list)
[9]      {
[10]       if (node.ChildNodes[0].InnerText==stuno)
[11]       {
[12]         TextBox1.Text=node.ChildNodes[0].InnerText;
[13]         TextBox2.Text=node.ChildNodes[1].InnerText;
[14]         DropDownList1.Text=node.ChildNodes[2].InnerText;
[15]         TextBox3.Text=node.ChildNodes[3].InnerText;
[16]       }
[17]     }
[18]   }
[19] }
```

10.6.2　修改学生基本信息

在图 10-5 的页面中修改学生的基本信息后单击"修改"按钮,则可以保存修改信息,"修改"按钮的代码如例 10-9 所示。

【例 10-9】

```
[1]  protected void Button1_Click(object sender, EventArgs e)
[2]  {
[3]    XmlNode root=doc.SelectSingleNode("StudentList");
[4]    XmlElement ScoreList=(XmlElement)root;
[5]    XmlNodeList list=root.ChildNodes;
[6]    foreach (XmlNode node in list)
[7]    {
[8]      if (node.ChildNodes[0].InnerText==stuno)
[9]      {
```

```
[10]        XmlElement Student=(XmlElement)node;
[11]        XmlElement StuNo=(XmlElement)node.ChildNodes[0];
[12]        StuNo.InnerText=TextBox1.Text.Trim();
[13]        XmlElement Name=(XmlElement)node.ChildNodes[1];
[14]        Name.InnerText=TextBox2.Text.Trim();
[15]        XmlElement Sex=(XmlElement)node.ChildNodes[2];
[16]        Sex.InnerText=DropDownList1.Text.Trim();
[17]        XmlElement Birthday=(XmlElement)node.ChildNodes[3];
[18]        Birthday.InnerText=TextBox3.Text.Trim();
[19]     }
[20]   }
[21]   doc.Save(Server.MapPath(@ "~\App_Data\Student.xml"));
[22]   Response.Redirect("InforList.aspx");
[23] }
```

10.6.3   删除学生基本信息

在图 10-5 的页面中单击"删除"按钮,则可以删除页面显示的学生基本信息,"删除"按钮的源码如例 10-10 所示。

【例 10-10】

```
[1]  protected void Button2_Click(object sender,EventArgs e)
[2]  {
[3]    XmlNode root=doc.SelectSingleNode("StudentList");
[4]    XmlElement ScoreList=(XmlElement)root;
[5]    XmlNodeList list=root.ChildNodes;
[6]    foreach (XmlNode node in list)
[7]    {
[8]      if (node.ChildNodes[0].InnerText == stuno)
[9]      {
[10]       XmlElement Score=(XmlElement)node;
[11]       ScoreList.RemoveChild(Score);
[12]      }
[13]    }
[14]   doc.Save(Server.MapPath(@ "~\App_Data\Student.xml"));
[15]   Response.Redirect("InforList.aspx");
[16] }
```

在图 10-5 的基础上修改"S004"的出生日期为"1990-10-30",删除"S005"学生之后的结果如图 10-6 所示。

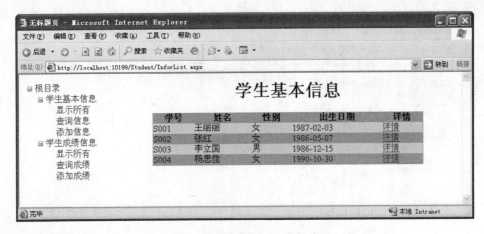

图 10-6　修改及删除学生基本信息结果

10.7　添加学生基本信息

添加学生基本信息的页面为"InforAdd.aspx"，该页面的源码如例 10-11 所示。

【例 10-11】

```
[1]   <asp:Content ID="Content2" ContentPlaceHolderID="ContentPlaceHolder2"
[2]   Runat="Server">
[3]       <p>学         号：
[4]   <asp:TextBox ID="TextBox1" runat="server" style="width:120px;">
[5]   </asp:TextBox> </asp:Label> </p>
[6]       <p> 姓         名：
[7]   <asp:TextBox ID="TextBox2" runat="server" style="width:120px;">
[8]   </asp:TextBox> </asp:Label> </p>
[9]       <p> 性        别：
[10]  <asp:DropDownList ID="DropDownList1" runat="server" style="width:120px;">
[11]          <asp:ListItem Value="男"> 男</asp:ListItem>
[12]          <asp:ListItem Value="女"> 女</asp:ListItem>
[13]          </asp:DropDownList>
[14]      </asp:Label> </p>
[15]      <p> 出生日期:<asp:TextBox ID="TextBox3" runat="server" class="Wdate"
[16]  onfocus="new WdatePicker(this)" style="width:120px;" CssClass="Wdate">
[17]  </asp:TextBox> </p>
[18]      <p>
[19]          <asp:Button ID="btnAdd" runat="server" Text="添加" onclick="btnAdd_Click"/>
[20]      </p>
[21]  </asp:Content>
```

该页面的显示效果如图 10-7 所示。

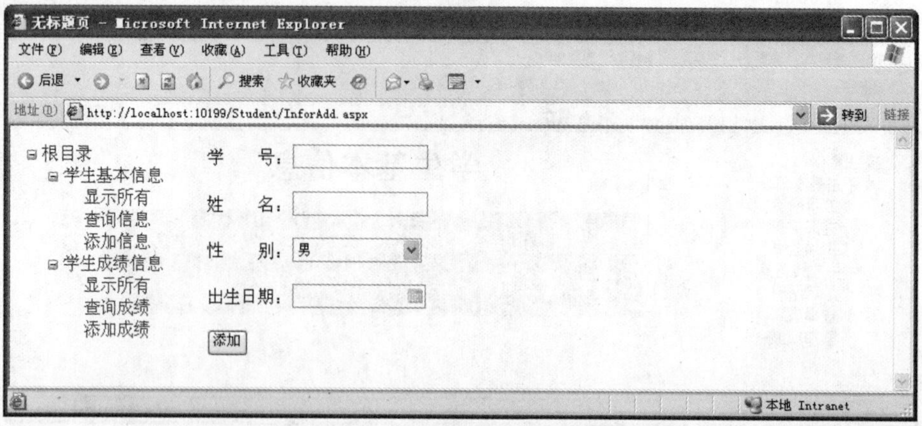

图 10-7　添加学生基本信息页面

在图 10-7 的页面中输入学号、姓名，选择性别和出生日期，单击"添加"按钮即可加入一条学生信息。其中，出生日期使用的是 JS 版日历，网上有很多这样的源码，可以下载下来加入到项目中，按照说明引用即可。

添加按钮的后置代码如例 10-12 所示。

【例 10-12】

```
[1]    protected void btnAdd_Click(object sender, EventArgs e)
[2]    {
[3]    XmlDocument doc=new XmlDocument();
[4]    doc.Load(Server.MapPath(@ "~\App_Data\Student.xml"));
[5]    XmlNode root=doc.SelectSingleNode("StudentList");
[6]    XmlElement Student=doc.CreateElement("Student");
[7]    XmlElement StuNo=doc.CreateElement("StuNo");
[8]    StuNo.InnerText=TextBox1.Text.Trim();
[9]    Student.AppendChild(StuNo);
[10]   XmlElement Name=doc.CreateElement("Name");
[11]   Name.InnerText=TextBox2.Text.Trim();
[12]   Student.AppendChild(Name);
[13]   XmlElement Sex=doc.CreateElement("Sex");
[14]   Sex.InnerText=DropDownList1.Text.Trim();
[15]   Student.AppendChild(Sex);
[16]   XmlElement Birthday=doc.CreateElement("Birthday");
[17]   Birthday.InnerText=TextBox3.Text.Trim();
[18]   Student.AppendChild(Birthday);
[19]   root.AppendChild(Student);
[20]   doc.Save(Server.MapPath(@ "~\App_Data\Student.xml"));
[21]   Response.Redirect("InforList.aspx");
[22]   }
```

10.8　查询学生基本信息

通过以上的介绍，可以对 XML 文件进行增加、删除、修改结点操作，但是当 XML 文件中的数据量很大时，若想找到某一条或多条数据就会很麻烦，还有可能出错，因此需要根据某种条件进行查找，如找到所有性别为"女"的学生信息等。

学生基本信息的查找可以根据某一个条件查找，也可以根据多个条件的组合进行查找，页面设计源码如例 10-13 所示。

【例 10-13】

```
[1]    < asp:Content ID="Content2" ContentPlaceHolderID="ContentPlaceHolder2"
[2]    Runat="Server">
[3]    <p> 学号:<asp:TextBox ID="TextBox1" runat="server"
[4]    style="width:80px;"> </asp:TextBox> </asp:Label> 姓名:<asp:TextBox
[5]    ID="TextBox2" runat="server" style="width:80px;"> </asp:TextBox> </asp:Label>
[6]    性别:<asp:DropDownList ID="DropDownList1" runat="server" style="width:80px;">
[7]        < asp:ListItem Value="请选择"> 请选择</asp:ListItem>
[8]        < asp:ListItem Value="男"> 男</asp:ListItem>
[9]        < asp:ListItem Value="女"> 女</asp:ListItem>
[10]       </asp:DropDownList>
[11]    </asp:Label>
[12]    出生日期:< asp:TextBox ID="TextBox3" runat="server" class="Wdate"
[13]   onfocus="new WdatePicker(this)" style="width:120px;" CssClass="Wdate">
[14]   </asp:TextBox>     
[15]       < asp:Button ID="btnSelect" runat="server" Text="查询" onclick=
[16]   "btnSelect_Click"/> </p>
[17]       < div id="content" runat="server" style="width:100% "> </div>
[18]   </asp:Content>
```

学生基本信息查询页面设计效果如图 10-8 所示。

图 10-8　学生基本信息查询页面

在图 10-8 中单击"查询"按钮可以查找所有学生信息，输入某个条件后单击"查询"按钮可以按某个条件查找，当然也可以进行组合条件查找。"查询"按钮的代码如例 10-14 所示。

【例 10-14】

```
[1]    protected void btnSelect_Click(object sender, EventArgs e)
[2]    {
[3]       XmlDocument doc=new XmlDocument();
[4]       doc.Load(Server.MapPath(@ "~\App_Data\Student.xml"));
[5]       string strinfo="";
[6]       if (TextBox1.Text.Trim()!="")
[7]       {
[8]          strinfo=strinfo+ "and StuNo='"+ TextBox1.Text.Trim()+ "'";
[9]       }
[10]      if (TextBox2.Text.Trim()!="")
[11]      {
[12]         strinfo=strinfo+ "and Name='" +TextBox2.Text.Trim()+"'";
[13]      }
[14]      if (DropDownList1.Text.Trim()!="请选择")
[15]      {
[16]         strinfo=strinfo+ "and Sex='"+DropDownList1.Text.Trim()+"'";
[17]      }
[18]      if (TextBox3.Text.Trim()!="")
[19]      {
[20]         strinfo=strinfo+ "and Birthday='" +TextBox3.Text.Trim()+"'";
[21]      }
[22]      if (strinfo!="")
[23]      {
[24]         strinfo="["+ strinfo.Substring(4)+"]";
[25]      }
[26]      XmlNodeList list=doc.SelectNodes("StudentList/Student"+ strinfo);
[27]      string str="<table align='center' border='0' cellpadding='0' cellspacing='0'
[28]   width='80%' style='border:solid 1px# 99aad3'> <thead bgcolor='#99aad0'> <th>
[29]   学号</th> <th>姓名</th> <th>性别</th> <th>出生日期</th> <th>详情
[30]   </th> </thead> ";
[31]      foreach (XmlNode item in list)
[32]      {
[33]         str=str + "<tr style='background-color:#ee99aa'>";
[34]         str= str+ "<td>"+item.ChildNodes[0].InnerText+"</td>";
[35]         str=str + "<td>" +item.ChildNodes[1].InnerText+"</td>";
[36]         str=str+"<td>" +item.ChildNodes[2].InnerText+"</td>";
[37]         str=str+"<td>" +item.ChildNodes[3].InnerText+"</td>";
[38]         str=str+"<td> <a href='InforDetail.aspx? stuno=" + item.
[39]   ChildNodes[0].InnerText +"'> 详情</a> </td>";
[40]         str=str+"</tr>";
[41]      }
[42]      str=str+"</table>";
[43]      content.InnerHtml=str;
[44]   }
```

在图 10-8 的页面上,性别选择为"女"后,单击"查询"按钮之后的结果如图 10-9 所示。

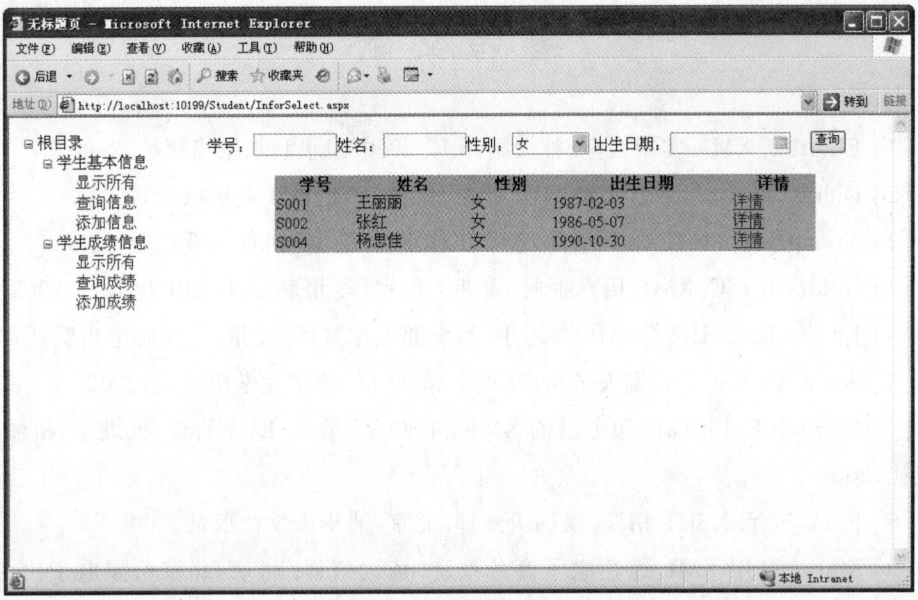

图 10-9　查询学生基本信息结果

10.9　实训题目

通过以上的学习,我们掌握了如何为 XML 文件添加结点、修改结点、删除结点和查询数据,学会了如何打开 XML 和保存 XML 文件,有了以上的学习,学生就可以根据所学的知识独立完成简单的项目开发,实现下列实训要求。

1.保存学生成绩的 XML 设计。

2.转换学生成绩 XML 文件的样式单(转换为表格)。

3.添加学生成绩。

4.删除学生成绩(学生可扩展做一下删除所有成绩的操作)。

5.修改学生成绩。

6.查询学生成绩(学生可扩展做一下按"or"组合条件查询)。

10.10　本章总结

本章主要讲述了如何应用 ASP.NET 开发基于 XML 的网站,如何设计 XML 文件、XML 架构、编写样式单用来转换 XML 文件,如何使用 C♯脚本访问 XML 文件、查询单个结点、查询结点列表,如何创建元素结点,如何添加结点、删除结点、修改结点和循环遍历结点等。

本章所介绍的样式单是一个综合的 XSL 样式单,在该样式单中使用了 CSS 样式和 JavaScript 脚本,通过 CSS 和 JavaScript 脚本的组合实现单双行不同效果和高亮显示鼠标所在行的数据。

参 考 文 献

[1] Elliotte. XML 实用大全. 杜大鹏译. 北京:中国水利水电出版社,2000

[2] Didier Martin. XML 高级编程. 李喆译. 北京:机械工业出版社,2001

[3] Young J M. XML 学习指南. 前导工作室译. 北京:机械工业出版社,2002

[4] Goldfarb F C. XML 用户手册. 潇湘工作室译. 北京:人民邮电出版社,2002

[5] Jelliffe R. XML&SGML 参考手册. 潇湘工作室译. 北京:人民邮电出版社,2000

[6] See C V. XSLT 开发人员指南. 英宇译. 北京:清华大学出版社,2002

[7] Fraris B E. BizTalk 服务器的 XML 和 SOAP 编成. EI 翻译组译. 北京:机械工业出版社,2001

[8] Fung Y Y. XSLT 精要. 汉扬天地译. 北京:清华大学出版社,2002

[9] Matin C. 用 XML 组建电子商务系统. 杨大衍译. 北京:北京希望电子出版社,2001

[10] Dich K. XML 管理者指南. 邓尚贤译. 北京:清华大学出版社,2003

[11] Holzner S. XSLT 技术内幕. 闻道工作室译. 北京:机械工业出版社,2002

[12] Steven Holzner. XML 完全探索. 师夷工作室译. 北京:中国青年出版社,2001

[13] Fabio Arciniegas. XML 开发指南. 天宏工作室译. 北京:清华大学出版社,2003

[14] Britt McLaughlin. Java 与 XML. 孙兆林,汪东,王鹏译. 北京:中国电力出版社,2001

[15] 蔡翠平. 从 HTML 到 XML. 北京:北方交通大学出版社,2002

[16] 唐宁玖. XML&ASP 综合应用技术. 上海:浦东电子出版社,2001

[17] 清宏计算机工作室. XML 编程起步. 北京:机械工业出版社,2002

[18] 丘广华. XML 编程实例教程. 北京:科学出版社,2004

[19] 杨明. XML 基础. 北京:科学技术文献出版社,2006

[20] 左伟明. 即用即查 XML 数据标记语言参考手册. 北京:人民邮电出版社,2007

[21] 华铨平,张玉宝. XML 语言及应用. 北京:清华大学出版社,北京交通大学出版社,2005

[22] 网冠科技. XML 时尚编程百例. 北京:机械工业出版社,2001

[23] http://www.w3.org/TR/

[24] http://www.ibm.com/developerworks/cn/xml/index.html

[25] http://www.w3school.com.cn/